職場高手的高效思維

安達裕哉

〈作者簡介〉

安達裕哉

1975年出生於東京都，畢業於筑波大學環境科學研究科。曾在Deloitte任職12年，從事經營顧問工作，並參與公司內部創業計劃，歷任東京分公司和大阪分公司總經理。他曾為超過1000家企業提供IT及人事顧問服務，並與超過1萬名商務人士會面交流。
之後，他創立了專注於自媒體支援的「Tinect股份有限公司」，專門從事企業顧問、網路媒體運營支援及文章撰寫等相關業務。他個人運營的媒體「Books&Apps」月流量超過200萬，每月穩定推出獲得數千次社群分享的熱門文章，致力於成為「為商務人士帶來啟發的網路媒體」，以趣味且實用的內容深受讀者喜愛。
著作包括《仕事で必要な「本当のコミュニケーション能力」はどう身につければいいのか？》（日本實業出版社）及《頭のいい人が話す前に考えていること》（Diamond社）等。

Books&Apps: https://blog.tinect.jp/
X (Twitter): @Books_Apps

職場高手的高效思維

出　　版／楓葉社文化事業有限公司
地　　址／新北市板橋區信義路163巷3號10樓
郵政劃撥／19907596　楓書坊文化出版社
網　　址／www.maplebook.com.tw
電　　話／02-2957-6096
傳　　真／02-2957-6435
作　　者／安達裕哉
翻　　譯／李惠芬
責任編輯／陳亭安
內文排版／洪浩剛
港澳經銷／泛華發行代理有限公司
定　　價／380元
初版日期／2025年４月

國家圖書館出版品預行編目資料

職場高手的高效思維 / 安達裕哉作；李惠芬譯. -- 初版. -- 新北市：楓葉社文化事業有限公司, 2025.04　面；　公分

ISBN 978-986-370-786-8（平裝）

1. 職場成功法

494.35　　114002229

前言

剛開始進公司時，大家應該都想過「我一定要成為工作高手」吧？

但隨著時間一點點過去，半年、兩年、三年，甚至十年後，這種想法可能已經消失不見，變成了「只要每天能把工作做完就行了」。

我也有過這樣的時候。

究竟為什麼會變成這樣？「我一定要成為工作高手」的願望又是從何時消失的？

大概是因為職場中多次「障礙」帶來的挫折，讓人感受到無法掌控的無力感。

也許是因為對上司無理的要求，感到憤怒與無奈。

可能當我有「改變不了現在的狀況了，沒有發生更大的錯誤就好」的想法時，成為高手的願望也消失了。

不過話說回來，這世上確實有那些能跨越「障礙」的人。

他們最後成為了「超強的工作高手」。

那麼，他們到底是怎麼翻過這些高牆，又如何解決那些不合理的問題呢？

答案很簡單。

因為他們身邊有教他們怎麼跨越障礙、解決不合理問題的高人！

這些人，可以說是他們的「恩師」。

「恩師」是那些用親身經歷學到辦法，並能把這些技巧清楚地教給屬下或後輩的人。

其實，我身邊也有這樣的貴人。在我做顧問工作時，每當遇到難題，他們都教我如何成功解決，有時甚至能讓我直接避開那些麻煩。

不過，這樣的情況也有些問題存在。

這些方法大多是沒有明文寫下來的「內隱知識（Tacit Knowledge）」，所以能解決的問題範圍，就取決於恩師能教給你的內容。

因此有「恩師」的人運氣好，能成為「工作高手」；但那些沒這份幸運的人，可能會直接放棄，想著「隨便啦，工作也沒那麼重要」。

結果來看，或許可以說一切都取決於「運氣」。

但從人才利用的角度來看，這未免太過浪費了。

所以，當我辭去顧問公司的工作並開始創業時，我決定把過去學到的東西盡量寫成文章，讓它們更有邏輯性和實用性，轉化為「外顯知識（Explicit Knowledge）」，然後用部落格的方式發佈出去。

這就是我創建的媒體，Books&Apps誕生的故事！

時間來到二〇一五年，距今已經是八年前的事了。

當時我接到了日本實業出版社編輯川上先生的邀請，於是決定將Books&Apps的內容出版成書。

這本書便是《恆心效應：為什麼職場成功人士都堅持做對的事？(「仕事ができるやつ」になる最短の道)》。

我把平常寫的文章重新加筆修改，並加以編輯整理，最後集結成了一本書。

這是我在創業後出版的第一本著作，對我來說意義重大，直到現在，仍然對它抱有特別的感情。

就像前面提到的，我在顧問公司時，從上司和前輩那裡學來的那些「工作方法」，一直只在非常有限的圈子裡被傳遞。

但通過這本書，這些方法成為了「著作物」可以傳播到更廣泛的社會中，讓我倍感欣慰。

據說「顧問」現在已成為備受推崇的職業。

但我在顧問公司工作時，這些公司幾乎是「長工時」、「績效主義」、「職場霸凌」的代名詞，被視為典型的「黑心企業」。

而在《恆心效應：為什麼職場成功人士都堅持做對的事？》所講述的內容，正是我在那樣的艱困環境中努力求生、實現成果時所摸索出的工作方式。

現在因為隨著工作方式改革及少子化所帶來的招聘困難，眾多顧問公司逐漸向轉型為「白色企業」，據說工作環境也大為改善。

與過去相比，被無止盡的長時間工作及職場霸凌所折磨的人已大幅減少，這是件直得欣慰的事。

但反過來說，現在也有了新的壓力。那就是「要在短時間內拿出最大的成果」。因此，那些「讓自己成為工作高手的方法」依然能發揮作用。

這次出版社的人告訴我，從部落格挑選而成的《恆心效應：為什麼職場成功人士都堅持做對的事？》寫的是「普通工作中最核心的本質」，所以我決定重新編排內容並進行加筆修訂，將以「新版」的形式再次呈現給讀者。

在眾多書籍紛紛絕版的當下，這本書能夠繼續出版，我深感榮幸。但更重要的是，希望它能真正對各位讀者有所幫助。

二〇二三年九月　安達裕哉

職場高手的高效思維　目錄

第1章

「執行力」是改變人生的最強武器

職場高手都是「說做就做」的人

第 2 章

「決斷力」需要透過理解框架來養成

職場高手擁有終身受用的「判斷基準」

第 3 章

「溝通力」只要一點點小改變，就能有大效果

學會職場高手們的正確準備方式

第4章

「深思熟慮的能力」教你看清事物的本質

職場高手每天都在實踐的習慣

第 5 章

「推動與協作的能力」是豐富人生的強大夥伴

職場高手都懂得領導力的重要性

本書是將二〇一五年八月由日本實業出版社的《「仕事ができるやつ」になる最短の道》重新編輯並改名後的新版。

內頁插圖／米村知倫

第1章

「執行力」

是改變人生的
最強武器

職場高手都是
「說做就做」的人

只招聘五十歲以上員工的公司老闆談「改變人生的方法」

「好好念書，考上好學校，進入好公司，就能一輩子安穩無憂。」直至今日，仍有許多人會這麼說。

當然，努力念書是一件好事，也有人說：「年輕時如果不努力，將來就會後悔莫及。」

每當聽到這樣的說法，我總會想起某個人的故事。

我曾經拜訪過一家幾乎所有員工都超過五十歲的公司。那位社長已經年過六十五歲，幾乎所有的高層管理人員也都超過六十歲。對於習慣拜訪以二十幾歲或三十多歲員工為主的公司來說，這家公司對我而言，完全是一個特別的存在。

因為是第一次遇到這樣的情況，我向那位社長提出了一個單純的疑問。

這是我第一次拜訪一家完全沒有年輕員工的公司。

是啊，這樣的公司應該不多見吧。

為什麼會沒有年輕員工呢？

很簡單，因為我們根本不錄用年輕人。

不錄用年輕人？

沒錯，我們公司只錄用五十歲以上的員工。

實在難以用常識來理解這家公司。畢竟在正常情況下，各家公司在招聘時都會偏好年輕人。於是，我向這位經營者請教了其中的理由。

覺得奇怪嗎？確實一般來說不會這樣呢。不過我們在錄用人才時，除了年齡，還有其他一些小小的標準。

什麼樣的標準呢？

只有那些想改變人生的人，我們才會錄用。

改變人生？這話未免也太誇張了。我想弄清楚其中的涵意。

您是說五十歲以上，而且想改變人生的人嗎？這可真是與眾不同啊……

沒錯，因為一般來說，人們都覺得「想改變人生得趁年輕才行」。但是，改變人生其實是任何人、任何時候都可以做到的。

能請您多說一點嗎？

當然可以。我經常對我的員工說，要改變人生，只需要掌握一點點關鍵資訊就行了。

這樣啊……

對於任何人隨時都能改變人生這件事，我還是半信半疑。然而，社長爽快地向我分享了改變人生的六大要點。

第一，**改變人生並非靠一場戲劇化的逆轉，而是來自於微不足道的日常習慣**。「持之以恆」本身就具有價值。例如「每天早起」或者「在通勤時間一定要讀書」，這些都很好。工作上也是一樣，「每天打十通電話」也行，或者「用心撰寫給客戶的電子郵件」不論什麼事情都可以。人生的改變就從這些小小的習慣開始。

但是，感覺這麼做也不會有什麼改變吧……

您真的這麼認為嗎？每天打十通電話的那位員工，現在已經成為了公司的頂尖業務員；用心撰寫每一封郵件的那位員工，則達成了顧客回購率第一名的成績。只要能持續兩年，任何人都能建立起自信。

……

無論如何，能堅持做一件事情所累積的成就，就是邁向改變人生的第一步。

確實是如此，持續完成某件事的成功經驗，無疑會大大改變一個人的思維模式。

第二，**當上一個習慣已內化到不需要刻意注意即可完成時，開始挑戰下一個習慣**。任何新事物都可以，關鍵是行動起來。

真的什麼都可以嗎？

是的，真的什麼都可以。專注於自己以前在意但未嘗試的事情，比如「每天打招呼」或者「晚上九點後停止飲食」。只要是能讓你進步的事情都可以。

確實……我也曾經嘗試過類似的改變。

要走到這一步，每個人大概都需要花上五年的時間。不過，到了那時，大家都會煥然一新。

聽到「要花五年」，我立刻覺得果然需要相當長的時間啊。於是再次向這位經營者提問。

但是，也會有人無法持續養成習慣吧？

沒錯。因此，第三點是**如果遭遇一次挫折，就設定下一個目標**。不要勉強去堅持自己無法完成的事，失敗本身就是學習經驗的一部分。每個人適合的習慣都不一樣，有些適合，有些則不適合，因此不要太過勉強自己。這一點真的很重要。剛剛提到的那位每天打電話的員工，在做到這一點之前，其實也曾經歷過兩次挫折。重要的是，不需要為自己做不到的事情感到內疚，認清「自己做不到的事情」反而是成長的關鍵。

簡單來說就是「選擇自己能夠持續下去的事情去做」的概念。如果一件事需要勉強自己才能完成，那它不僅難以成為習慣，也多半不是你的強項。這樣的邏輯很合理。

第四點，**千萬別把責任推給別人**，一定要記住這一點。當你把事情怪罪於他人，其實是代表自己沒辦法掌控自己的人生。

即使是討厭的上司？

哈哈，是的。不管是上司的問題，還是自己的問題，結果不都一樣嗎？光煩惱這種事，不是很浪費嗎？

……

第五點則是，遵守**對人友善**的原則。

這麼普通的原則嗎？這樣就可以了嗎？

當然可以，這是非常重要的事情。一切的改變，都始於對他人的友善。安達先生，您在電車上會讓座給老人家嗎？

最後，**要有「當你決心改變人生的那一刻，人生已經開始改變了」的信念**。

……這是什麼意思？

想在五十歲改變人生，這樣的決心到底有多重要，您知道嗎？

意思是需要很大的決心嗎？

沒錯，正因如此，我只面試五十歲以上的人，並且只錄取那些同意我理念的人。
我打從心底敬佩這些人。

至此之後，每當聽到有人說「中年後就無法改變人生了」或「改變人生需要耗費大量精力」時，我總會回想起那位社長的話並想：「那可不一定！」

職場高手 默默在幹嘛

將「變革的意志」轉化為習慣。

「想試試」只是迷信，「做過了」才是真科學

我有個認識的老闆，每次有人說「我將來想做○○」時，他馬上就會回：「那你現在到底在做什麼？」

說真的，這種人很令人反感，但他其實不是故意要講風涼話的。

他說**「想試試」跟「做過了」中間隔著一條又深又大的鴻溝**，也是為了本人好才會這麼說的。

「想試試」跟「做過了」完全是兩碼事。這不是什麼認真與否的抽象問題。

那如果不是認真的程度，那到底差在哪裡？

很簡單。「做過了」是科學，「想試試」是迷信。

……這是什麼意思啊？

試著去做，就能取得數據，然後用這些數據來優化方法。只要做實驗，得到檢驗結果還能重複實現，那就是科學啦。但是……

但是？

沒試過的人只能靠自己的想像或猜測來行事。說白了，就是像迷信一樣。如果想獨立創業，就得親自去找客戶並把商品展示給他們看，不然怎麼會有數據呢？

不過，應該也有人會覺得害怕吧？

很多迷信其實就是來自恐懼。你聽過愛德華・詹納（Edward Jenner）這位醫學家嗎？

是發明天花疫苗（Smallpox vaccine）疫苗的那位嗎？

對，就是他。他通過科學實驗做出了疫苗，但那些迷信的人卻說：「打了疫苗會變成牛」於是嚇得不敢打，這些話根本沒有任何證據。

原來如此。

在伽利略（Galileo Galilei）做出落體實驗之前，大家都堅信重的東西比輕的掉得快。

的確是這樣呢。

說到底，在進行實驗之前精確地理解一件事是極為困難。

真正需要的是實驗和數據，而不是憑空的猜想或直覺的揣測。

……

在公司裡，我也經常對下屬說：「別害怕，趕緊收集數據，去驗證你的假設吧。」

聽到這番話的時候，我突然意識到在各式各樣的公司裡，靠「直覺」或「猜測」說話的人不曉得有多少。

想試試……A先生

將來我想要創業獨立。

那麼，現在你究竟在做什麼呢？

正在學習創業所需的知識。

如果想學習，現在就辭掉公司工作，直接開始創業，這才是最好的學習方式啊！

不，不只是創業而已，如果不能成功就沒有意義。現在還不是時候。我還沒有足夠的人脈和知識。在獲得這些之前，我無法創業。

↔

做過了……B先生

將來，我計畫要創業獨立。

那麼，現在你在做什麼呢？

我已經存了八百萬日圓，為了能在一年後成功創業，現在正忙著拜訪那些可能成為我客戶的人。

原來如此，一起努力吧！

想試試……C學生

我希望提昇自己的英語能力。

那麼，現在有在做什麼準備嗎？

我打算報名英語會話學校。

還沒開始上課？

現在研究的工作很忙，所以在想怎樣才能更有效率地學習。

↔

做過了……D學生

我想提升自己的英語能力。

那麼，現在有在做什麼準備嗎？

兩年後我有一場留學考試。為了通過這場考試，我參加了專門的補習班，並向已通過考試的人請教學習技巧、參照他們的學習方法。

你肯定能通過考試！

「想試試」跟「做過了」，完全是兩回事。

職場高手
默默在幹嘛

先動手嘗試，
再檢驗數據並加以復盤再現。

「考試型學習」會如何對工作產生壞影響

每個人都希望能「有效率地提升技能」。然而，關於如何才能做到高效率這件事，大家的看法卻不盡相同。

其中一個分歧在於，提升技能時應該先「輸入」還是先「輸出」。

不妨回憶一下學生時代。「輸入」與「輸出」哪一個是率先開始做的呢？

英語學習法：先「輸入」

首先學習單字、文法以及表達方式等，當這些內容在腦中累積到一定程度後，再進一步「與英語母語者進行實際對話」。

↔

英語學習法：先「輸出」

首先「與英語母語者進行對話，即使只用肢體語言也沒關係」。之後再透過檢視教材來補充「原來應該這樣說啊」或是「下次試著說這個看看」。

數學學習法：先「輸入」

先完全掌握教科書的知識，再著手解題練習。

數學學習法：先「輸出」↔先嘗試解題，即使不會也沒關係，先試著做做看。接下來再去學習「不懂的部分」。

大多數人的學習經驗應該都是先「輸入」吧。

學校的學習方式一般都是以「輸入」為主。

並不是「先做練習，再用教科書解決不懂的部分」的學習方式，而是「先認真學好教科書的內容，再開始做題目」的方式。

不過，這種學習方法也存在不少缺點。

舉例來說，容易讓人形成「因為沒學過，所以不會做」的藉口。而且，對於提前學習的孩子，可能會出現一些不合理的規定。例如「小學考試中不能用方程式」或「禁止使用未教過的漢字」，讓學習過程顯得不夠靈活和自由。

「能好好學習的事」本來就非常少，特別是在工作上，無法事先預習的事情遠遠更多。

舉個例子，若你被指派負責打造公司的自媒體。

負責打造公司的自媒體先「輸入」

研究並分析各種類型的媒體。運用所獲得的知識，逐步打造自媒體。

↔

負責打造公司的自媒體先「輸出」

無論如何，先把公司自媒體建立起來。只要有文章和媒體的形式，就能完成雛形。先嘗試建設，再根據讀者的反饋進行修正。

由於學校的學習模式早已根深蒂固，我們往往不自覺地傾向於選擇「先輸入」的學習方式。

工作方式因人而異，我並不想在這裡討論哪種方式更好。

不過，我所接觸到的「工作能力出眾的人」，大多都是「先輸出」派，這是我的觀察。

軟體開發公司的高管：H先生

H先生有一本「專案管理手冊」，是專門為部屬經理準備的。但他總是等到新任經理上任一個月後才會將手冊交給他們。

有人問：「為什麼不直接一上任就把手冊交給他們呢？」H先生解釋說：「如果一開始就給手冊，他們多半不會認真看。等到他們真正遇到問題時再翻手冊，才會仔細閱讀並真正感到它的價值。」

某營業公司的頂尖業務員：N先生

當被問到在業務中嘗試新的提案手法時，他回答道：「我會先親自試試看，只有當行不通時，才會參考書籍等資料。」

遊戲開發的自由工作者：Y先生

當有人問「要怎麼提高程式設計能力？」時，他會說：「就是先做出一款軟體。」並明確表示：「買書學習或上學並不是壞事，但要真正提升技能，最重要的是完成某個具體的產品。」

大企業經營企劃部：E先生

E先生在一年內將TOEIC成績從四百分提升到了八百分。

當被問到「是如何學習的呢？」時，他回答：「先嘗試參加了一次TOEIC考試，了解題目內容、解題方法和考試氛圍後，再不斷進行模擬測驗。至於單字和文法，則是後面針對比較難記的部分才專門學習。」

像這樣「先輸出」的案例其實只是少數，大部分人還是傾向於「先輸入」的方式。

但從「先輸出」開始學習的方式，當說出「因為沒學過或沒研究過，所以做不到」這種話時，在職場中可能很難被接受。

所以說，那些「工作能幹的人」應該已經學會了以「以輸出為主」來提升技能的方法吧。

如果重視提升技能的速度，就要記得「以輸出為核心」來行動。

能否意識到這一點，可能會帶來不小的差距哦。

職場高手
默默在幹嘛

掌握「以輸出為核心」的技能提升方式。

別迷信「無限可能性」這種說法

「設定目標很重要，但同時也讓人感到害怕，所以勇氣也是必要的。」一位經營者這樣告訴我。

你有什麼想完成的事情嗎？

有。

那麼首先，你該知道**「人生的時間是有限的」**，你剩下的時間其實不多。接著，你想要的是「容易達成的目標」還是「真正想做的目標」？如果是後者的話……

後者的話呢？

需要花非常多的時間才能完成。

或許是這樣。

所以說，若想實現真正想做的事情，就必須將人生的大部分投入到實現目標的過程中。

「是的。」我點頭回應，這時經營者傾身向前說道……

人為了「達成目標」，必須放棄許多其他的可能性。

這是什麼意思呢？

聽好了，設定目標這件事，其實就是縮小可能性的範圍。老虎伍茲在三歲時就放棄了高爾夫以外的可能性，因此才能爬到那樣的巔峰。

你呢，既然已經是成年人了，就不應該相信「自己擁有無限可能性」這樣的說法。確實，選擇的可能性是無窮的，但如果不選擇其中一個，就無法實現任何目標。

……但是，要這麼輕易地決定自己想做的事或設定目標，根本不可能。

看來你缺乏勇氣呢，是不是對設定目標感到害怕？

……是的。

每個人都一樣，設定目標總是讓人感到害怕。或許你會害怕失敗，或擔心選錯方向。為了對抗這些恐懼，在設定目標時需要勇氣。當然，並不是所有人都能帶著勇氣去決定目標。但是如果想完成些什麼事情，那麼勇氣是必須的。

我原以為勇氣只是少年漫畫裡才會出現的東西。

其實勇氣並不是漫畫裡那種非要不可的東西。確實，什麼都不去決定的確比較輕鬆，但如果過著「無法做出決定的人生」，那才真正令人害怕，這是真的。

大人們以可能性作為代價，來設定自己的目標。

職場高手默默在幹嘛

人生的時間有限，所以更要勇敢設定目標。

迅速選擇，快速決斷

「如果對公司有不滿，先試著改變自己吧。」

這句話是大家常說的一句道理。

的確，在許多情況下它是對的，但也並非適用於所有情況。

不妨想像一下這樣的場景。

身為技術人員，從新鮮人開始在一家公司待了七年，始終專注於技術領域。沒想到，卻突然被告知要轉調到銷售部門。

對技術人員來說，銷售工作是一個完全陌生的領域，要掌握相關技能勢必需要一些時間。不過長期看來，站在客戶的角度重新審視自己的服務，未嘗不是一個好選擇。

在這樣的情況下，通常會考慮三種選擇。

1 聽從公司的安排，努力做好銷售？
2 毫不掩飾地考慮轉職？
3 先留在公司，等時機成熟再說？

在這裡，首先需要認識到的是，無論從事什麼工作，要成為一流的專業人士都需要花費大量的時間。

因此，假如你現在是二十幾歲的技術人員，打算改變職涯方向轉做銷售，那麼想在銷售領域精通，恐怕要等到三十幾歲後半段。即使想「換工作」，可選的機會也會比二十幾歲時少很多。

這麼一想，選擇**1**的選項，並輕率地說出「我要做銷售！」似乎不是明智之舉。沒時間浪費在多餘的事情上。人生的寶貴時光，不能隨意揮霍。

乏味或不喜歡的工作，誰都難以避免。

然而，不要盲目順從，只要認為「在業務部做一年電話行銷可以接受，但絕不是會我做五年的事。」那麼一年後再毫不猶豫地辭職也無妨。

因為要成為一流專業人士，需要花費大量時間，因此必須謹慎選擇自己的工作。

已故的史蒂夫・賈伯斯曾說過：

「如果今天是生命中的最後一天，我即將去做的事情，真的是我想做的嗎？如果接連幾天的答案都是否定的，那麼或許該考慮做出一些改變了。」

現階段，我們無法確定什麼會有用。也許做業務會有幫助，也許沒有幫助。但如果你真正相信自己，就不會感到迷茫。只需要去做那些你想做的、能夠全心全意投入的工作。任何事情，如果無法樂在其中，就無法持久。而為了成為卓越的人材，改變自己是一條艱難的路，需要付出猶如血汗般的努力。

得好好想想，你為什麼還留在現在的公司。

可以問一問自己。如果還不知道自己想做什麼，也可以先將手頭的工作上做到一流。

如果不願意，那就趕快選擇一個想做到佼佼者的工作吧。越早做決定，就越有可能變得更優秀。

如果對公司感到不滿，那麼在**改變自己之前，「選擇」與「決斷」**或許才是更重要的事。

選定方向後再改變自己也不遲。

職場高手
默默在幹嘛

無論做什麼工作，
都要選擇並決定成為一流。

成為「工作高手」的最短途徑

「要怎麼樣才能成為『工作能力強的人』呢？」這類問題，我經常從年輕同事那裡聽到。

是不是得訓練自己的邏輯思考能力呢？

會一口流利英語是不是更有優勢？

該不該去考一些證照呢？

這類的問題占了大多數，當然，這些並沒有什麼不對。

然而，身為顧問，在觀察了眾多企業之後，我認為最重要的並不是這些。

我是在某次會議上察覺到這一點。

這場會議的主題是「如何吸引客戶」。部門剛推出了一項新服務，但反應不如預期，因此全體成員聚在一起討論「下一步應該怎麼做」。

與會者包括部門內的核心成員約十五人，從年輕員工到資深員工，再到部門主管都齊聚一堂。我雖然名義上是會議的主持人，但實際上只是協助部門主管記錄會議內容，而最終的決策權還是掌握在部門主管手中。

會議首先從現狀報告開始。銷售數據、顧客數量、詢問量的變化趨勢，以及傳單的具體案例和盈利預測等，各種資料被一一提出。這部分報告大約進行了一個小時左右。等所有報告結束後，部門長開口說：

「有想法的話，請大家說出來。」

時間在沉默中悄悄流逝了約五分鐘。

這時，一位年輕人，年約二十多歲，緩緩地舉起了手。

我可以說說看嗎……？

部門長微微頷首示意，他便慢慢地開始說起來。

非常感謝，接下來容我發表一些看法。

這項服務之所以表現不佳，我認為問題可能出在「宣傳標語」上。依我的看法，這項服務的目標應該鎖定「模超過三百人的企業」，但現有的標語卻給人感覺更像是針對「約一百人的小型企業」，這可能正是吸引力不足的原因。

是這樣嗎？

因此，我認為需要宣傳標語應該要改成這樣。

於是，他發表了自己構思的廣告標語。

然而，會場中只傳來一片苦笑。

這也是可以理解的，因為他提出的廣告標語看起來相當稚嫩，完全不像能夠吸引顧客的水準。

當下，會場立刻傳來一陣批評聲。

問題不在於標語吧，而是價格。

我覺得這個標語並沒有錯，但這樣的標語嘛……

我搞不懂，為什麼這個標語會被認為適合三百人以上的企業。

提問和批評接連不斷，他似乎顯得有些沮喪。

然而，部門長開口說道：

這是一個很好的意見，我之前沒有想到。我們會把它列入討論範圍。

於是，會議的內容不僅限於在「標語」上，還涉及了價格策略、客群重新定位以及銷售方法等多個方面，最終確定了新方案後順利結束。

會議結束後，我向部門長提問。

為什麼您會說那句標語是「不錯的意見」呢？對我來說，看起來水準並不高。

在工作中，您認為誰才是最重要的人？

是那些握有權限的人嗎？

即使有權力，沒能力的人還是沒用。在任何工作裡，**最值得敬佩的是「最先提出方案」啊**。批評很容易，誰都可以做，但「第一個提出方案」不僅需要勇氣，還得非常努力學習，免得被他人取笑。所以，在工作中尊重第一個提出方案的人是再正常不過的事。

自那以後，我開始在不同的公司進行觀察，並在許多企業中見識到在工作中，「率先提出方案」的重要性。

因此，現在當年輕人問我「怎麼才能提升工作能力？」時，我都會建議：「努力成為第一個提出方案的人。」

職場高手
默默在幹嘛

工作時務必要「先提出方案」。

第2章

「決斷力」

需要透過理解框架來養成

職場高手擁有終身受用的「判斷基準」

我們工作的六大意義

有一位參加某公司實習的學生，在實習結束後，給我發來了一封郵件。郵件中除了感謝公司提供的實習機會，還向公司的經營者提出了一個問題。我將那封電子郵件轉發給了經營者，請示該如何回覆。而這位公司的經營者看過問題後說：「我想親自回答。」

這個問題雖然表達得委婉，但若加以總結，其實就是「為什麼一定要工作呢？」經營者表示：「實習的表現和這個問題的內容與錄用或甄選無關。」但他對這個問題展現出的勇氣感到欽佩，並說：「我想認真回答。」隨後，便向學生發送了一封包含以下內容的回覆。

○○同學您好：

當我看到您問「為什麼一定要工作呢？」這個問題時，其實我感到有點驚訝。因為對我來說，工作是一件自然而然的事。

不過，我覺得，對於我們日常認為是理所當然的事情，能夠提出疑問，真的是一件很棒的事情。所以，我也想好好地思考，然後用心回答您的這個問題。

我和你一樣，覺得工作是一件既辛苦又煩的事情。若問我現在怎麼看，我會說並沒有太大的不同。工作依然充滿挑戰，而且沒有一點輕鬆的感覺。

不過，工作也能帶來很多寶貴的收穫。我認為至少有以下六點：

1 工作能賺取金錢。
2 工作能設定清晰的目標。
3 工作能有與更多人相遇的機會。
4 工作能持續學習與成長。
5 工作能贏得信任。
6 工作能建立自信心。

（P52~56）

以上就是我的個人見解，不知道身為學生的您會有什麼樣的想法。

但我希望這能為您的疑問帶來一個答案。

這封信中詳細地寫到了工作所能帶來的六種收穫。

工作能為你帶來的收穫 01

工作能賺取金錢

世上也有「我不需要金錢」這樣的人。然而，金錢並不是會讓人感到困擾的東西，反而，對大多數人來說，沒有金錢就無法生活。而且，更多人其實是為了賺錢而選擇工作的。

然而，如果只是為了錢而工作，正如您所說，工作可能會變得痛苦且難熬。許多人一生中的大部分時間都在工作，但若工作是痛苦且煎熬的，這是大家都希望能避免的。因此了解「如何讓工作變得有趣」這件事，我認為是很重要的。

工作能為你帶來的收穫 02

工作能設定清晰的目標

「人生的意義是什麼？」這樣的問題，我無法給出答案。不過，只要進入公司，我會明確規劃好你在一年內需要投入的工作方向。比起每天虛度光陰，設定一個明確的目標，並努力去實現它，更能讓人感受到人生的價值。

工作能為你帶來的收穫 03

工作能有與更多人相遇的機會

若只是單純地消費，就不需要和任何人接觸。當然，也有些人喜歡這樣的孤獨。不過對大多數人來說，孤獨是件痛苦的事。

工作就是融入社會的一部分。

工作能有與更多人相遇的機會。這些人包括職場內的同仁、顧客、合作夥伴，甚至是與業務相關的其他人士。

然而，是否每一段相遇都能成為對你意義的交集，無法確定。然而，正如「一期一會」這句話，一次偶然的邂逅可能會改變你的人生。

工作能為你帶來的收穫

04

工作能持續學習與成長

進入公司後，你會發現有許多未知的事物，每天都需要不斷學習。此外，為了避免自身的知識過時，也需要持續學習下去。

然而，作為一名經營者，我經常遇到那些表示「自己不擅長學校課業」的人。不過，請放心。

學校的學習與公司內的學習是不同的。

學校的學習以在短時間內解決特定問題為目的。而公司內的學習，從發現問題開始，尋找解決方案，並將其實踐於現實中，涵蓋了整個過程。那是極具創造性的活動。

因此，人們可以透過學習讓人生更加豐富。

工作能為你帶來的收穫 05

工作能贏得信任

工作，就是承擔責任。沒有一份工作可以免除責任。因此，那些認真工作的人，會被認為是有責任感的人，並在社會中贏得信任。

同時，信任並不是可以用金錢買到的。我來舉個例子：

假設面前有一個人，他僅僅是擁有財富，能僅憑這一點就信任他嗎？恐怕不會吧。信任，唯有通過長期累積的行動才能建立。

因此，認真工作，正是積累信任的第一步。

工作能為你帶來的收穫 06

工作能建立自信心

你有自信嗎？自信是非常重要的。

說到這個，可能會有人認為，過度自信是種麻煩，也不該擁有奇怪的自尊心。也許有許多人會因此聯想到自信的負面那一面。

但是，我認為對每個人來說，「擁有真正的自信」都是非常重要的。真正的自信，是通過個人至今累積的成果所獲得的，與虛張聲勢或傲慢無關。

虛張聲勢與高傲，並非源自自信，而是「因缺乏自信而渴望他人認同」的表現。

真正的自信並不依賴他人，只有那些「發揮自身能力，完成某些事業的人」才能擁有的。

工作是為了完成某些目標，而自信是從全力以赴的努力工作中產生的。

之後，那位學生寫了一封感謝信給經營者，表示自己原本對於「工作」這件事感到的迷茫，現在終於豁然開朗了。

職場高手默默在幹嘛

工作會帶來金錢、明確的目標、人際關係、學習、信任和自信。

能幹之人必知的三件事

有挑戰就會有失敗。

但是，如人們常說，從失敗中能學到的東西非常多。我從一位創業失敗的朋友身上，學到了這一點。

他的公司已經結束了。過去的四年裡，他一直艱難地經營著這家公司。雖然面臨困境，但他還是努力幫助公司裡的三名員工重新找到工作。為此，他親自四處拜訪合作夥伴，誠懇地請求他們協助，才讓員工順利過渡。現在，他只需要考慮自己的未來該如何安排。

他原本任職於一家ＩＴ企業的工程師。據說，是因為客戶對說：「我會給你案子做，不考慮自己創業嗎？」才決定自行創業的。當然，在創業初期，他確實有案子接。然而，隨著客戶的經營環境發生變化，他所熟悉的負責人也接連被調職，業務量逐漸減少。覺得這樣下去不行而考慮開拓新的客戶，但因為缺乏其他人脈和銷售經驗，一時之間無法找到新的業務。他提出「開發網路服務」的想法，並開設了幾個網站，但網站流量並未增加，反而赤字越來越大。

最終，他無法支付員工的薪水，只能做出關閉公司的決定。

據了解，像這樣的創業失敗模式非常普遍。

缺乏穩定盈利基礎的小型企業，往往因為些許環境變化而輕易倒閉。有些情況下，因為商業模式被視為具有前景，初創公司能夠從風險投資機構等獲得資金支持。然而，最終多數公司無法實現持續盈利，結果被迫退出市場。

雖然他的公司最終倒閉，但據說他從中學到了非常寶貴的經驗。

說到底我也不能算是有真正經營過公司。不過，我可是學到了很多東西呢。

比如說，什麼樣的事？

嗯……有幾件事可以講講……

他告訴我，從公司成立到最後結束的過程中，他體會到三件在工作上非常重要的事。

工作中重要的事 01

站在資方的立場

首先，第一點是**「站在資方的立場」這件事**。員工通常認為每個月領到薪水是理所當然的，但顧客卻不一定覺得每個月付款是理所當然的。要彌補這兩者之間的差距，其實非常困難。

確實是如此耶。

這是一件非常艱難的事。但要讓員工真正理解這種感受，我認為幾乎是不可能的。因為只有自己經營公司的人，才有可能體會到這樣的心情。

確實，許多經營者感到煩惱的原因首位，或許正是這類問題。

然而，將這種期望寄託於員工身上，無疑是經營者的任性，我感受到他作為經營者的心情，也隱隱看見他為肩負經營者這份責任而承受的悲哀。

工作中重要的事 02

理解利潤的重要性

第二點，**明白了「利潤」有多麼重要**。當員工的時候，我會覺得「公司賺大錢，為什麼要扣我的薪水？」但自己經營公司後才明白，公司賺的多，稅金也多，還要支付員工的保險等支出。更重要的是，即便交易突然中止，也必須繼續支付員工薪水。所以，我非常理解為什麼公司需要留下足夠的錢。

原來是這樣啊……

好笑吧？成為經營者後，幾乎只會考慮金錢的事情了。

明明以前那麼熱愛技術吧？

就是說嘛。

在成為經營者之前，他曾說過是為了自己喜歡的事物而獨立。但像他這樣變得「專注於金錢」的經營者，可能很多吧。

工作中重要的事

03

穩定收入的必要性

第三點是，**要實現宏大的願景，穩定的收入是前提條件**。

什麼意思呢？

描繪宏大的願景、建立商業模式這類高尚的事，我根本完全沒做。我當時做的幾乎全是籌措資金的工作。打電話給熟客問：「有沒有什麼工作？」或者拜託他們「請幫我介紹新客戶」，花時間到處尋找新增的合作夥伴。

他沉默了一會兒，然後又慢慢地說起話來。

常常看到新聞裡報導那些天才型的經營者，創造出驚人的商業模式，推出具有差異化的產品。但我認為，絕大多數的公司還沒來得及做這些事情之前，就已經忙於解決眼前的生存問題了。然而，員工看到這些新聞後，總會說「我們也希望成為那樣的公司」。

……

如此優秀的公司，大概在整體中連1％都不到吧。我深深體會到了這一點。合作夥伴們也都在辛苦地掙扎著。有多少次，我曾想著「如果能全部重新開始，那該有多好啊」。但是，我必須要讓員工能夠好好生活，也不能隨便裁員。

這段對話的最後，他說：

雖然我會再次回到公司當員工，但因為我明白了這些道理，所以我認為這次能為公司的經營貢獻更多力量。我會再接再厲的。

他的表情看起來非常自信而愉悅。

職場高手默默在幹嘛

理解「資方的立場」、「利潤的重要性」、「穩定收入的必要性」。

學生與社會人士在溝通上的明顯差異

有家公司在辦一場「提升溝通能力」的訓練課程，目的就是希望新人能夠快速學會所謂的「社會人士的溝通技巧」。

那麼，「社會人士的溝通技巧」和「學生的溝通方式」究竟有什麼不同呢？這堂課將重點歸納成了三個要點。

1 含有上下層的的溝通
2 以對方為中心的溝通
3 帶有需求的溝通

即便是以「約下次見面」為主題，社會人士與學生之間的對話內容仍會完全不同。

學生的溝通

明天有空嗎？

怎麼了？

我明天剛好沒事。

不行，我超忙的。

哇，好冷漠喔。

我後天要交的報告還完全沒開始寫耶。

社會人士的溝通

明天下午1點開始，方便空出時間嗎？看了行程表應該是沒安排。

剛才開會的時候突然多了一場1點的討論會……是緊急狀況嗎？

之前一起去拜訪過的那位客戶剛來聯繫，希望能委託我們做一個案子。

啊……原來如此。可以稍微給我一點時間調整行程嗎？我來處理安排。

拜託了，這可是非常重要的客戶。

好的，行程調整好之後，我會立刻與您聯繫。

這兩段對話中，表現出三個本質上的差異。

首先，第一點「存在上下關係的溝通」。

學生之間的溝通多半是基於對等關係。

然而，在公司內，溝通通常是基於上下關係的。舉例來說，上司與自己、客戶與自己等。

接下來，第二點「以接收方為中心的溝通」。

學生之間的溝通基本上以發送者為主，表現為「說出自己想說的話，如果聊得來，溝通就成立；如果合不來，也就不必成為朋友」，這就是他們的溝通方式。

然而，在公司中可不是這樣。無論對方是誰，都需要具備「以接收方為中心」的溝通技巧，亦即能配合接收方的溝通方式。

最後是「包含要求的溝通」。學生之間的溝通，即使不包含對對方的要求也無妨。簡而言之，只要能讓人際關係順暢即可。

然而，社會人士的溝通僅僅如此是遠遠不夠的。這其中暗含著一種「讓對方採取某種行動」的要求。

例如：「希望你能更有幹勁」、「希望你能立即著手處理」、「希望你能彙報情況」等，這些要求始終存在於社會人士的溝通中。

那麼，「社會人士的溝通」具體由哪些技巧構成呢？

存在上下關係的溝通

技巧① 禮儀

中國哲家孔子認為，「禮」就是將對他人的關懷具體化的表現形式。如果不將這份關懷具象化，就無法真正傳達給對方。因此，作為有效溝通的基礎，表達對他人的關懷的「禮」是不可或缺的。

技巧② 情報提供

與上司順利進行溝通的關鍵在於扮演「資訊提供者」的角色。雖然做出決策是上司的職責，但為了協助這一過程，有效地傳達自己所掌握的資訊是必要的。

技巧③ 寬容

在組織中能否順利合作，關鍵在於對上司的寬容度，這麼說並不誇張。上司也是人，也會有弱點，甚至會犯錯。批評這樣的上司是件容易的事，但批評往往使溝通變得困難。反之，寬容這些弱點則是良好溝通的重要基礎。

社會人士的溝通技巧 02

以接收方為中心的溝通

技巧① 共通語言

對話中，必須謹慎選擇對方能夠理解的語言。不僅僅是詞語的表面意義，還包含這些詞語可能讓對方聯想到的背景資訊，這些都會影響與對方的共識程度，而這種共識的程度則決定了溝通的品質。

特別是在撰寫報告書或提案書時，語言的選擇需經過再三斟酌與審視。不經意使用的詞語若引起誤解，再好的內容也會失去意義。

例如，在提案書中建議不要使用像「○○例（例如企劃範例）」這樣的詞語。

由於部分客戶可能會對「範例」一詞產生敏感，認為其帶有居高臨下的意味，甚至可能誤解為已定案的方案。在此情況下，應避免使用「範例」，改採用「建議案」一詞更為適宜。

技巧② 提問

如果無法了解接收者需要的資訊是什麼，就無法期待有效的溝通。因為對方通常只會聽自己感興趣的內容。然而，要準確預測對方真正需要的資訊，其實相當困難。因此，在溝通時應該隨時確認對方的需求，並以「先傾聽再發言」作為溝通的核心。

技巧③ 簡潔

言詞必須盡量簡短、簡潔且明確。如果話語中包含了不必要的資訊，對方必須耗費精力來剔除這些噪音。

冗長的話語無論是學生還是社會人士都會被討厭，但對於社會人士來說，冗長的話甚至可能連聽都不會聽。因此，應努力去除多餘部分，追求簡潔明確的表達方式。

社會人士的溝通技巧 03

包含需求的溝通

技巧① 感情的理解

「要求是否能讓對方感到認同，並非取決於邏輯，而是取決於情感。」請理解這一點。即使你說的再正確，若對方的情感排斥，溝通也將中斷。

在邏輯之上，加入對情感的訴求。為此，首先要表達自己的感受。使用像「開心」、「快樂」、「充滿期待」、「值得信賴」等表達情感的詞彙，來增強邏輯的說服力。

技巧② 價值觀的尊重

要明白，就算是與自己一起工作的同伴，他們的價值觀也可能和自己不一樣。與學生時代不同，成年人之間常存存在著截然不同的背景與文化。

理解對方重視什麼、將重點放在什麼上，並展示自己的要求符合這些價值。

技巧③　時間

帶有要求的溝通並非能隨便應付了事。有時候，還需要耐心等待對方調整行為。不要為了追求成果而著急，依賴一些速成的方法，而是應該遵循之前提到的溝通原則。

職場高手
默默在幹嘛

溝通時需理解「上下關係的存在」、「以接收方為中心」、「包含需求」。

即便努力未必有回報 卻仍然重要的理由

從小到大，應該聽過無數次「努力必有回報」這句話吧。

這是一句在談論努力的重要性時經常被提起的話。

但，世上所有人真的都這麼認為嗎？

或許大家心裡的真實想法是：「努力未必總有回報吧。」

如果想讓孩子努力學習，就對他們說「努力一定會有回報」。如果想讓學生努力學習，就對他們說「努力一定會有回報」。如果想讓社會人士努力工作，就對他們說「努力一定會有回報」。

然而，沒有人會相信，連孩子都不會相信。

畢竟有人會質疑：「可是，也有努力卻沒獲得回報的人吧？」

事實是，努力了卻沒被回報的人比比皆是。也可以說，得不到回報的人或許占了大多數。

面對這樣的質疑，「努力派」的人大概會這麼回應：「努力是最基本的門檻。儘管努力了也未必有回報，但那些成功的人無一不是努力過的。」

這句話毫無說服力這件事，想必會得到許多人的共鳴吧。

因為，雖然口口聲聲說著「努力很重要」，卻又反過來說「但努力不一定會有回報」，並且還搬出「成功者如何如何」之類的其他條件

因此，對那些「對成功沒興趣」的人來說，這種說法根本毫無吸引力。

許多經營者或管理職位的人常抱怨說：「我們的員工都沒有幹勁。」但這樣的人腦海裡，恐怕早已將「沒有幹勁」、「沒有慾望」、「不努力」這些觀念捆綁在一起了吧。

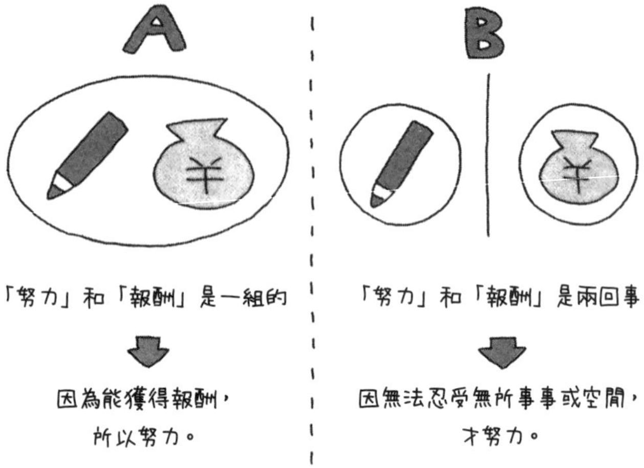

這種差異的原因顯而易見，問題出在大家總是把「努力」和「報酬」當作一組來討論。

主要就是，很多人認為「努力」是「為了獲取報酬而忍受的苦行」，這才導致了這樣的差異。如果「努力」和「報酬」是捆綁在一起的，那麼對「報酬」沒有興趣的人就無法被激勵。

「努力讀書，進名校，進大公司」這類話現在聽起來好像也一樣。

如今，「努力」不再等同於「一定會有回報」。

所以，最近越來越多人這麼想：「是不是根本不需要努力？」、「不工作是不是也可以？」

因此，「以報酬作為努力的理由」是不成立的。更準確地說，其實「努力的理由並不是因為能夠獲得報酬」。

那麼，為什麼還要努力呢？答案其實很簡單。

說真的，會努力的人，其實是因為「不努力的話會受不了」，所以才去努力的。

努力當然很累人，但說來可能有點違背直覺，**很明顯的「努力的人反而比較輕鬆」**。

這就是因為，人其實沒辦法忍受「閒著什麼都不做」的狀態。

人生總是有很多不安的時候。如果什麼都不做，或者沒在做點什麼，就得去正面對抗那種不安的感覺。

即使那些看起來很有錢、生活上毫無缺乏的人，最終還是得面對疾病的恐懼、死亡的恐懼。

專注於某件事，對於精神的穩定至關重要，這無庸置疑。因為透過行動，可以避免胡思亂想，讓心靈獲得安寧。

電影《駭客任務》中有這樣的一段話：

母體是你們人類創造出來的，為的是快樂與幸福的生活。人類真是一種奇妙的生物，若是沒有不幸與苦難，反而會感到不安。

並非「努力就能得到回報」而是「透過努力，人才能感受到生活的安穩與踏實」。

職場高手默默在幹嘛

努力不是為了回報，而是為了對抗人生的不安。

「主動行動的人」與「擅自行事的人」之間的微妙差別

行動總是不可避免地會伴隨摩擦，尤其是在組織內更是如此。

那麼，我們該如何減少摩擦，讓工作更加順利呢？

接下來，我想分享一個故事。

有一次，一位公司社長來找我諮詢，提到「公司有一個讓人頭疼的問題員工」。不過，說實話，幾乎每家公司都有這樣的人，這種諮詢也不算少見。

我便問：「這位員工出了什麼問題呢？」社長回答說：「他完全不理會周圍的意見，總是自作主張地推進工作。」

聽到這裡，我不禁產生了一個疑問。

因為這位社長平時經常說：「我的員工總是不主動行動。」

他還說過：「如果他們能不等指示，更加積極主動就好了。」

然而，當真的有這樣的人時卻又抱怨說：「他不聽周圍的意見，總是自己決定工作方式。」

那麼，兩者的界線到底在哪裡呢？這個問題讓我非常想一探究竟。

於是，我問這位社長：「您覺得『主動行動的人』和『擅自行事的人』有什麼區別？」

社長思索了一會兒，緩緩地說起來。

嗯，雖然不太好用簡單的話來說明，但應該是能否讓我們感到放心的差別。

可以解釋一下嗎？

不等指示而主動行動，當然是有條件的。首先，他們是否正確認識到自己被賦予的權限。像是擅自簽訂合約，那就非常麻煩。如果能讓我們有這個人對自己的權限很清楚的信任感，那就不需要等指示了。

原來如此，的確是這樣。

還有，就是看他是否能夠顧及周圍的人。擅自行動的行為，對某些人來說會引起

反感。即使我再三要求主動行動，但總是會有一些人比較保守。如果能在顧慮這些人的情況下推動工作就好了。否則，發生爭執的話，這個人可能會被其他同事孤立。這樣就很麻煩了。

原來如此。換句話說，最終分成了「希望能主動行動的人」和「不希望會擅自行動的人」，對吧？

沒錯，但是從平等的角度來說，這樣的事情是無法在公司內公開說的吧。

要清楚知道自己是被歸類為「希望能主動行動的人」還是「不希望會擅自行動的人」，確實不太容易。

更重要的是，那些「擅自行動的人」通常對這種事並不敏感，也不會太在意。

這意味著，聰明的人往往因為過於謹慎，最後成為「等指示行動」的人，而那些鈍感的人則因為不夠細心，被認為是「問題員工」。結果，公司裡等指示的人越來越多，而少數「問題員工」的存在也就更加突出，這似乎是必然的趨勢。

如果想要主動行動並帶來變化，正如社長所說，關鍵在於確實做到以下兩點。「報告、聯絡、商量」的重要性也正是源於這一點。

・了解自己的權限，也就是熟悉「公司的規則」。這不僅包括明文規則，還包括潛規則，同時還需要考慮該將資訊交給誰處理。

・不要忽視保守型人士的感受。即便是遵守規則的行為，也可能引發他們的不滿。因此，對保守型人士進行情感上的關懷，並妥善處理好與他們的關係。

此外，根據公司的文化，在會議上討論之前，先個別與所有相關人員溝通，或者尋求現場同事和關係密切的客戶支持，這種「事前協調」往往非常奏效。觀察當下情況，努力爭取更多的盟友吧。

職場高手
默默在幹嘛

熟悉公司規則，成為「希望會主動行動」的人。

「內部公關」和「拍馬屁」到底差在哪？

我記得很清楚，那是在我成為社會人第二～三年時，某次拜訪客戶時聽到新人和部長之間的對話。

這段對話讓我在與公司內部人士的相處方式上學到了不少寶貴的經驗。

部長，為什麼一定要做內部公關呢？

內部公關？

之前部長不是對我們說過「去跟前輩喝酒推銷自己」嗎？

哦，那件事啊。那麼，你有去主動和前輩打招呼嗎？

沒有，我不太想做那種事情。

哦。

人們總說，討好和奉承別人並不是什麼好事。而且，我認為「與前輩打好關係」和「做出成果」是兩回事。說到底「為了取悅前輩而做的事情」並不是在真正服務客戶。

面對這種新人常見的困惑，我很想知道部長會如何勸解。

然而，部長所說的話卻讓人意外。

嗯，沒錯。如果你不想做，那就不用勉強去做。

欸？部長是說真的嗎，不想做就可以不做嗎？

是啊……這只是我多此一舉的建議而已。

可是，為什麼您之前會說那種話呢？

因為這個世界上有形形色色的人啊。

這是什麼意思呢？

有人重視成果，也有人重視關係融洽。有人重視血緣，也有人重視學歷。世上各種各樣的人都有。因此，「只要有成果就能被認可」這話，作為一個原則是正確的，但在現實社會中卻不一定行得通。

可是，這裡是公司，成果才是關鍵，對吧？

沒錯。但如果把這種想法強加於人，不就和強迫別人「去和前輩喝酒」是一樣的嗎？

不知何時，新人和部長的立場已經逆轉了。

新人似乎正在認真咀嚼部長的話語。

……

我雖然希望大家能以「社會人士應該有的思維」行事，但我並不會強制。

畢竟，強制也改變不了人們的想法。頂多，也只是讓居酒屋裡的抱怨多一些罷了。

……

所以啊，如果有人說「你只要看我的成果就好」，那我就照著做吧。新人也是大人了嘛，當然得當大人一樣對待。

難道只以成果來評估所有人嗎？

有些人會透過搞好內部關係來爭取評價，這樣的人還真的有人喜歡。說實話，跟前輩搞好關係，確實能讓工作更順利。所以說，不能用一套標準去看每個人，每個人都有自己的強項啊。

那我到底該怎麼做才會被認可呢？

每個人看重的東西都不一樣，越能符合更多人評價標準的人，自然會更容易得到認可。至於人事那邊公佈的評價標準？那只是冰山一角罷了。

說真的，所有標準都寫清楚是不可能的。

聽到這句「人事的標準只是冰山一角」，新人又開始糾結了。

不過，順帶一提，我的評價標準不包括「交情好」。所以，真的不用約我喝酒什麼的。

社會人士，真是不容易啊。

是啊。

後來，聽這位部長說，那名新人主動邀請他「要不要一起去喝一杯？」

職場高手默默在幹嘛

理解評價標準，積極進行「內部公關」。

判斷「該辭職」還是「不該辭職」的重點

「我在考慮是否要辭職……」我經常接到這樣的諮詢。

現在工作的公司應該辭掉嗎？還是應該繼續留下來？要做這樣的決定是非常困難的。

我不是職涯方面的專家，也不是會幫助他們介紹工作的顧問。所以，我對這些人能做的就是聽他們傾訴。

然而，從很多人那裡聽到的諮詢內容，大致上都差不多。總結起來，內容如下。

在現在的公司工作真的非常無聊。
我覺得自己已經很努力了，但不知道上司是怎麼看待我的。
也許只是我太任性，不能把問題都歸咎於上司，但有時候我還是會感到困惑。
即便換到其他公司，好像也會遇到同樣的情況，辭職又是一件麻煩的事。
況且，我也沒有特別想做的事情。
我到底該怎麼辦呢？

原來是這樣啊，他們並沒有把責任推給上司，或許也有做出一些成績。只是，他們大概就是覺得公司或工作有點無聊吧。

老實說，我自己也曾經有過這種感覺。所以我不覺得他們是在耍任性，也不會說「這很正常啦，別抱怨」這種話。

畢竟，道理他們心裡早就清楚得很。現在這個時代，還有多少人能在同一家公司工作到退休呢？

對於年輕上班族來說，這種情況已經很少見了吧。事實上，內閣府在《令和四年 年度經濟財政報告》中曾指出年輕一代工作的平均年限是越來越短了。因此，每個人遲早都會不得不思考「何時該離職」，那麼該如何判斷時機呢？

斷定「可以辭職」的情況，是符合以下任意一種的時候。

- **一直在無作為的社長或主管手下工作**
- **陪著社長滿足其私人的慾望**
- **和缺乏禮貌的人共事**
- **和合不來的人一起工作**
- **在會遭受辱罵的職場環境中工作**
- **在被言論管控的職場工作**
- **必須欺騙顧客的工作環境**
- **為了達成過於不切實際的目標而努力**
- **一直假裝自己有幹勁**
- **推銷自己無法喜歡的產品**
- **家庭有困難時，卻優先考慮工作**

當然，有時候不得不忍耐。

比如，距離上次轉職時間還很短，或者進入的是一位有恩的熟人介紹的公司，在這種情況下，對一次的轉職可能會不利，也不合情理。

這對長期來說是一種不利條件。

但是，人生是非常短暫的。

將寶貴的時間持續浪費在這些事上，無論怎麼想都不划算。

職場高手
默默在幹嘛

不浪費人生的寶貴時光，掌握「適合離職的時機」再行動。

第 3 章

「溝通力」

只要一點點小改變，
就能有大效果

學會
職場高手們的
正確準備方式

聊天只要記住兩個重點就夠了

很多人都說，「對話重要的技能」。

特別是在工作中，對話對於建立並維持良好的人際關係至關重要，甚至可以說是不可或缺的能力。

然而，並不是每個人都擅長會對。

正因如此，關於「對話技巧」或「話題選擇」的書籍、文章，以及相關講座在市面上從未斷過。

那是很久以前我造訪某家公司時發生的事。

有位業務員非常不擅長與人溝通，無論是與客戶還是同事交流，都顯得格外困難。

他是個很努力的人，藉由閱讀會話相關書籍和參加講座等方式，努力克服自己的弱點。

據說，他從學生時代起就不擅長會話，在人際關係上也經歷了許多困難。

我向他提出了一個樸實的問題：

為什麼明明不擅長會話，卻選擇成為業務員呢？

因為我想改變自己。

這是個非常令人佩服的理由。然而，即便付出了努力，他的對話能力卻並沒有顯著提升。

原因很簡單。

他因為過於緊張而「說得太多」。

為了維持對話的連貫性或活躍氣氛，他總是過於努力，這是因為他試圖忠實地執行在對話培訓中學到的技巧。

他在「不敢開口說話」和「話講太多」之間來回徘徊。

情況發生改變，是在某天他與顧客共進午餐時。他向顧客傾訴了自己的煩惱，而對他多有照顧的部長則對他說：「不用勉強自己非得說話。」

那位部長這樣告訴他：

對話的訣竅只有兩點，**一是傾聽對方想說的話，二是只說對方想聽的話**。僅此而已。除此之外的內容，不需要說，或者說，根本不必說，因此保持沉默即可。

當他詢問部長這句話的用意時，部長回答道：

關鍵在於**即使自己不說話，也能讓對方自然而然想開口**。所以，首先要「傾聽對方想說的內容」。每個人心中都一定有一兩件想炫耀或感興趣的話題，比如出生地、業績或興趣等等。當對方開始說話時，適當地講一點「自己知道的事」就行了，沒必要多說。重點是給點回應就好。如果話說得太多，還不如保持沉默。

對他而言，「與其說話，不如保持沉默」這句建議似乎成了非常有用的忠告。

他後來說：「不再害怕必須說得很好，這才是最大的改變。」

職場高手
默默在幹嘛

耐心傾聽對方說話。

成為「講話清楚明瞭的人」的八條心法

順利推進工作的訣竅，在於讓他人充分理解自己的話。然而，要判斷自己是否是一位好的說話者並不容易。

觀察下來，能否把話說得清楚，其實存在很大的個人差異。但究竟為什麼有些人能說得清楚明白，而有些人卻讓人難以理解呢？我對這點一直不太明白。

這是「天生的」嗎？還是「透過訓練」獲得的能力呢？

然而，與各式各樣的人交流之後，我漸漸覺得主要在於「服務精神」的差異所造成的。

市面上有各種關於「說話方式」的講座，但比起一些細節性的技巧，話語是否清楚易懂，歸根結底還是取決於**「是否能從對方的立場來看自己的話」**。

因此，想成為「說話清楚易懂的人」，以下八個要點很重要。

1 從「過程」開始講還是從「結論」開始？

2 抽象的表達方式還是具體的表達方式？

3 說的是「自己想說的事」還是「對方想問的事」？

4 「統一的措辭」還是「根據對方的反應來改變措辭」？

5 從「細節」開始敘述，還是從「全體概況」開始敘述？

6 按照「自己的節奏」來說話，還是「配合對方的理解速度」？

7 「頻繁使用指示代名詞」還是「盡量避免使用指示代名詞」？

8 是「在對話中離題」還是「先完成一個話題再換下一個話題」？

表達清晰與不清晰的人之間的不同

01

從「過程」開始講還是從「結論」開始？

例：「今天的會議結果怎麼樣？」被這樣問時

表達不清晰的人

「首先，我們討論了這一季度銷售目標的達成率，鈴木先生報告了相關情況。然後，山下先生提到了一些客戶的投訴問題……」這樣一步步描述過程。

在小說或電影中，體會「過程」是很好的，但在工作中，這樣的方式並不屬於「清楚易懂的表達」。通常情況下，聽者更關心結果，而非過程。

↔

表達清晰的人

「事情進展順利。部長指示的案件已經確定由我們負責了。」

從結論開始講述。

「不太順利。並未按照部長的指示執行。實際情況是……」

隨後再說明過程，從頭開始解釋。

表達清晰與不清晰的人之間的不同

02

抽象的表達方式還是具體的表達方式？

例：「當被問到如何設定工作的優先順序時。」

表達不清晰的人

「我會提高需要盡快完成的工作、重要的工作，以及看起來能快速完成的工作的優先度。」

這樣的回答中，「需要盡快完成的工作」、「重要的工作」、「能快速完成的工作」的內容並不明確，話語顯得抽象，讓人難以理解。

↔

表達清晰的人

「首先，我會把任務一一列出來。再將每個任務按截止日期和重要程度進行劃分，重要程度分為1～3個等級。最後，將距離截止日期的天數與重要程度相乘，並根據數值從高到低排列，這就是我的優先順序。」這樣具體地回答。

表達清晰與不清晰的人之間的不同 03

說的是「自己想說的事」還是「對方想問的事」？

例：「今天去拜訪了哪些客戶？」被這樣問時

表達不清晰的人

「在A公司，我們的對話很熱絡，結果很好。至於B公司，負責人不在，我費了一些功夫才拿到聯繫方式，終於接觸到了……」

這樣的回答會包含一些未被問到的內容，顯得冗長。雖然作為日常交流無妨，但在工作場合可能讓聽者感到不耐煩，表達的清楚程度稍嫌不足。

↔

表達清晰的人

「去了A公司、B公司和C公司。」簡潔地回答即可。

應該回答對方「問到的問題」。如果能明確知道對方的需求，也可以補充一些對方可能感興趣的額外資訊，例如：「今天拜訪的三家公司中，我認為B公司和C公司有相當高的下單可能性。」

表達清晰與不清晰的人之間的不同 04

「統一的措辭」還是「根據對方的反應來改變措辭」？

例：「這期的業績如何？」當被這樣問時

表達不清晰的人

「是這樣的，毛利增加了，但是銷售管理費的增幅更大，所以目前的營業利潤和去年相比是負增長。」

不根據對象調整表達，總是使用統一用語或表達方式的人，可能會被認為「話說得不清楚」，特別是使用專業術語時需要格外注意。

表達清晰的人

「毛利雖然增加了……啊，您對會計用語了解嗎？……不太熟悉嗎？不好意思，那我用更簡單的說法來解釋。總之，說來有些慚愧，本期收益並不理想。我們在廣告上的投入過多了……」

當想使用專業術語時，如果發現聽者的表情變得困惑，下一次就改用非專業術語。相反地，如果對方能理解這些術語，那麼可以積極地使用。

說話時應觀察對方的反應，隨時根據情況調整用詞，這才是更理想的做法。

表達清晰與不清晰的人之間的不同

05

從「細節」開始敘述，還是從「全體概況」開始敘述？

例：向不懂將棋的人解釋將棋的玩法時

表達不清晰的人

「那麼，從棋子的移動方法開始說明吧。這個『步』這顆棋子只能往前走一步。接下來是這個『飛車』，它可以沿著十字方向無限制地移動。然後……」

直接從「棋子的移動方式」或「升級規則」開始解釋，甚至插入像「二步」這樣的「犯規」說明，而不考慮全局，從細節開始講述。

↔

表達清晰的人

「將棋是一個遊戲，其目的是透過移動自己的棋子來吃掉對方的「王」。當你的棋子移動到對方棋子所在的格子時，就可以吃掉該棋子。不同棋子的移動範圍各有差異。棋子的種類有……」

首先，應向對方解釋遊戲最基本的規則，如「兩人對弈」、「吃掉對方的王即為勝利」。接著再按照「棋子種類」、「移動規則」、「如何吃子」等順序進行解釋，從整體到細節逐步說明。

對於理解有幫助的概念分享，果然是透過從整體輪廓開始說明才能實現。說話時，應該從全局出發。

表達清晰與不清晰的人之間的不同 06

按照「自己的節奏」來說話，還是「配合對方的理解速度」？

例：如果要向小學生解釋「什麼是網際網路？」

表達不清晰的人

「簡單來說，網際網路就是把全世界的電腦用一種特定的方式連接起來。」

這樣的說法，對方完全不知道是在說什麼。因為對方需要同時理解多個概念，光是要跟上對話就已經很困難了。

↔

表達清晰的人

從「你知道什麼是電腦嗎？」開始。讓孩子聯想到家裡的電腦、學校裡看到的帶鍵盤的機器，或者智慧型手機後，接著說：「那麼，你知道電腦之間是可以互相連接的吧？」並以電子郵件等例子進一步說明。

如果對方理解了，最後補充說明：「這些互相連接的電腦所形成的東西，就叫做『網際網路』。

在此過程中，適時確認對方的理解，例如問：「到這裡可以理解嗎？」與對方共享認知也是很重要的。講話時，應該配合對方的理解速度。

表達清晰與不清晰的人之間的不同 07

「頻繁使用指示代名詞」還是「盡量避免使用指示代名詞」？

例：將申請書交給部長的時候

表達不清晰的人

「請把這個交給那個人。」

若未能充分共享當前的情況，對方可能完全不知道「這個」和「那個人」指的是什麼。

「指示代名詞」指的是「這個」「那個」「那裡的」「哪個」等總稱，雖然使用起來很方便，但還是應該盡量避免。

↔

表達清晰的人

不說「這個」或「那個」，直接表達清楚「把申請書交給部長吧」。

表達清晰與不清晰的人之間的不同 08

是「在對話中離題」還是「先完成一個話題再換下一個話題」？

例：當系統故障時，討論角色分工的時候。

表達不清晰的人

在討論「角色分工」的過程中，突然插話說：「啊，下一次的使用者測試是什麼時候啊？」提出原本應該在完成「角色分工」後才進行的話題。

話題一旦偏離主題，就需要重新回到最初的討論點，很浪費時間。

↔

表達清晰的人

結束「某個話題」後再進入「下一個話題」。如果想讓對話更清楚流暢，就需要一個話題談完了，才接著開始新話題。

職場高手
默默在幹嘛

站在對方的立場，
審視自己的發言是否恰當。

戰勝溝通障礙的祕技

「少說話，多傾聽」

溝通是讓他人理解自己的意思，這不僅是日常生活的一部分，也是社會活動的基礎。

回想一下，我們每天其實都在試圖向他人傳遞某些信息。

- **通勤時，想讓別人讓出狹窄的通道時**
- **在公司裡，請部下提交報告時**
- **在業務場合，向客戶推薦自家產品的優勢時**
- **下班後，告訴家人自己什麼時候回家時**
- **回到家，告訴孩子「你應該好好學習」時**

但要讓別人真正理解自己的意思，真的不容易。

有些小事，只要說出來，對方馬上就懂了，但有時卻不這麼順利。當無法正確傳達請求或心意時，許多人會嘆息：「為什麼說了還是不明白？」

那麼，為什麼說了卻無法被理解呢？

這種情況往往是因為語言表達能力不足造成的。

由於很難準確地選擇合適的詞語來表達想法，因此容易出現溝通問題。

溝通障礙大致可以分為以下三類：

1 無法理解所說的意思

2 誤解所說的意思

3 雖然明白了，但不想接受或不願意執行

A
不懂詞彙意思
的情況
我來彙整一下
問卷的結果。
B
因為沒經驗
而搞不懂的情況
按照我說的做，
保證沒問題。

溝通障礙
01

無法理解所說的意思

比方說，如果寫「我們將問卷結果進行『收斂』處理」，大部分人可能不明白這是什麼意思。

其實，「收斂」就是「整理、歸納」的意思。

在選用詞彙時，應考慮對方的語言理解範圍。如果用到對方不熟悉的詞語，就需要採取一些辦法，讓對方能夠特別注意到這些詞的意義並進一步去了解。

不過，如果只是這樣的情況，其實只要

留心使用容易理解的詞語就能解決了。

真正的問題不在於不懂詞語的意義，而是「缺乏對這些詞語的實際體驗」。

舉例來說，像「努力就會有回報」這種話，對於從未真正付出努力或體會過回報的人，恐怕很難感同身受。

「按我說的去做就能成功」這句話也一樣，對那些既未按照對方所說去做過，也未曾因此成功過的人，這句話同樣難以產生共鳴。因此，**若要讓對方理解詞語的意思，就必須使用對方經歷過的事情或詞彙，否則無法準確地被理解**。

溝通障礙 02 誤解所說的意思

這是當政治家或組織領導者的失言被當作醜聞大肆報導時容易出現的情況，常常會被批評為「這是歧視」或「看不起弱者」。

當事人可能會說「是誤解」或者「真正的意思沒有傳達清楚」，然而，這起事件其實涉及了溝通的本質問題。

簡單來說，**在溝通過程中產生的誤解，往往是發言者本人需要承擔主要責任**。

而且比起第一種「無法理解所說的意思」，「誤解」的情況更為棘手。如果聽不懂，可以說「我不明白」或者乾脆忽視，但「誤解」卻會因為字面上的錯誤理解，導致對方採取自己意圖之外的行動。

為了避免誤解，在溝通過程中，必須不斷詢問對方如何理解自己的發言，並接受對方的回饋意見。

如果無法做到這一點，例如在公開場合的發言或研討會等情境中，就必須做好心理準備，承擔因誤解發言所引發後果。

溝通障礙

03

雖然明白了，但不想接受或不願意執行

溝通的本質其實是伴隨著對對方提出要求。如果我們的要求方式不恰當，對方可能會產生「聽懂了，但就是不想做」這樣的情緒反應，甚至可能選擇「故意忽略」這個要求。

此時，最重要的是具備一種英語稱為「表達技巧（Delivery Skill）」的能力，也就是說話方式和表達技巧。

在企業或組織中，到了評估時期，許多人往往會遇到溝通上的困難，而這個問題的原因其實很清楚。

因為試圖改變對方價值觀的行為，容易被視為在控制對方，讓對方產生反感。

因此，說話者需要避免否定對方的價值觀，而是設法提出能符合對方價值觀的要求。

我們必須在說話方式上下功夫，正是因為這個原因。

溝通的前提是對方願意傾聽。
這種理解能讓我們掌握所有關鍵技巧，確保我們說的話能準確無誤地傳達給對方。

職場高手
默默在幹嘛

配合對方的價值觀提出要求。

意見與自己相左的人並非「敵人」，而是「理性之人」

有人問了我一個問題。

明明我說的才是正確的，對方卻無法理解，這種情況該怎麼辦？

關於這個問題的回答，我想分享一個小故事。

那是在拜訪某家大型企業時的事。我陪同部長一同出席了一場會議。會議的主題是關於未來部門的方針，而預料之中，關於方向的分歧勢必引發激烈的對立。

果不其然，會議一開始便展開激烈的討論。然而，在這場激烈的爭論中，有一位年輕課長特別努力。他為了改善業績低迷的現狀，精心準備了方案，並在會議上發表了自己的計畫，試圖振作整個部門的士氣。

如果這是漫畫或故事的情節，「所有人都被這個計畫感動，整個部門團結一致……」也許會是這樣，但現實卻是殘酷的。

那位課長的計畫引來不少質疑聲，會議陷入混亂。

就我個人來看，那位課長的計畫其實構思得很好，也非常值得一試。然而，其他保守派的高層主管卻遲遲無法贊同。

最終，部長宣布休息。在休息時間，部長將那位課長叫到另一個房間，並緩緩開口說道。

你做得很好。大家也都看出來，你是個有幹勁的人啊。

是的，可是……

可是什麼？

為什麼其他課長都這麼死腦筋呢？我甚至覺得有點生氣了。稍微動點腦筋，不就應該明白了嗎？

一向溫和的課長，此刻也難掩怒色。

部長平靜地對課長說。

你覺得為什麼你說的明明是正確的，卻沒人願意聽呢？

呃……因為他們不想改變吧？還是因為他們懶得做出改變？

部長沉默不語。

部長，拜託您拿出辦法，說服這些人吧！

部長沉默了一陣，終於開口說。

當有人提出不同的觀點時，會引發三種反應，你知道是哪三種嗎？

什麼意思？

課長愣住了，像是被突然問倒。

第一個反應，就像你現在的樣子，把對方當作「敵人」。這種情況下，除非一方被排除，否則就會戰鬥到其中一方妥協為止。

……

第二個反應則是「放棄」。簡單來說就是「既然無法讓對方理解，那就算了」，這種放棄的反應，是一種不負責任的態度。

……

明白了吧？我不希望看到這兩種情況。

那麼，該怎麼做呢？

要採取第三種反應。第三種做法，你應該明白吧？

是部長您之前教導的方法，對吧？

很好，你明白了。我之前說的是什麼？

是的。第三種反應是「**換位思考，把對方的意見當作合理的，然後反過來挑戰自己的想法**。這樣就能理解對方的真實心聲。再根據這些內容，提出下一個觀點。」

您是這樣說的吧？

你記得很清楚嘛。

但是……

別說什麼可是了，做就對了！

於是，會議重新開始。課長對著反對派說道：

抱歉，我剛才有點執著自己的意見。但我仔細思考後，發現你們的意見也很有道理。我想，大家是不是對我的提案有◯◯這樣的擔心？說實話，我也反省了一下，覺得確實如此。

這時，反對派中的某位終於開口說話了。

我倒不這麼認為，但我覺得或許△△是必要的。

△△嗎……嗯。為什麼你這麼想呢？

以前我也嘗試過這件事，考慮到當時發生的事，是因為□□。

會議準時在一小時後結束，大家的表情都很放鬆，統整了大家的意見，課長感受回饋到，部長也露出了滿足的神色。

部長對我說：

很有意思吧？對方並不是你的敵人，而是「理性的人」。只要別忘記這一點，對話的可能性就會一直存在。

從那以後，我不再執著於打敗對方。

有時候，把「正確」的立場暫時放一邊，才是最好的選擇。

職場高手 默默在幹嘛

假設對方的意見是合理的，試著自己反駁自己的意見。

接到任務後一定要做的八件事

小小的變化，始於「確實完成被交付的工作」。

還是新人的時候，我的上司教了我這個道理。現在回過頭來看，我的工作方式幾乎都是照著當時學到的方法進行的。

為了「確實完成被交付的工作」，上司教導了我八件事。

完成受託工作的訣竅 01

確認交期

無法遵守交期的人，會被視為是不合格的社會人士。遵守交期能夠獲得信任，提升個人能力，甚至帶來財務上的成長。

完成受託工作的訣竅 02

與委託人達成成果共識

工作委託方通常不會事先明確指定成果。

因為思考具體成田過於費時麻煩，才會把任務交給信任的人。因此，接到委託後，應與對方好好溝通，理解真正需求並確認目標成果。

比如可以請對方提供過去的範例來掌握內容的詳細度。或是詢問工作的目的，並以書面方式確認內容。

只要雙方達成共識，這項工作幾乎就已成功了一半。

完成受託工作的訣竅 03

分工細化

被交付的工作就像是一塊巨大的岩石。如果維持原樣，是無法著手處理的，也無法向他人尋求協助。如果希望有人提供協助，或想學到相關的技術訣竅，或是要制定時間表，就必須將工作分割。

例如，可以按照時間軸來分割或分配給負責人，將模糊的表述轉化成具體的內容，或者一步步地將工作縮小化。

這樣工作才能真正進展下去。

完成受託工作的訣竅 04

從最困難的工作著手

一般被認為困難的工作，尤其是那些不知從何著手的任務，往往比預期需要更多的時間。通常所需時間可能是估算的二到三倍。如果等到最後期限逼近時才意識到這一點，將為時已晚。

完成受託工作的訣竅 05

遇到瓶頸時，立刻回報

工作交付方並非萬事通曉，難免會有不切實際的要求。有些問題，必須在實際執行後才會浮現。

若明知不可行還硬撐下去，只會對雙方造成損害。這時候，務必立即向委託人報告。越晚報告，只會越影響你的信用。

完成受託工作的訣竅 06

負起說明的責任

交付工作的一方總有不安，解決這份不安是承接方的責任。至少每週一次向對方報告進度。此外，務必注意解釋的清晰度。既不能冗長，也不能過於簡略，要確保提供適當的資訊。資料的清晰度、表達的易懂性，會直接影響你的信用。

完成受託工作的訣竅 07

別從零開始思考，去尋找前例

從零開始思考，就等於「重新發明輪子」，這完全是浪費時間。已經有人找到的解決方案，沒必要再從頭做一遍。

公司的工作本質上是重複相似的事情。首先尋找前例，如果找不到，就向朋友或公司外的人詢問。如果還是找不到，就找書籍參考，答案一定存在。

完成受託工作的訣竅 08

盡早向他人提出協助，並遵循第1至第7條訣竅。

工作很少能夠僅靠自己完成。需要他人協助的工作應儘早委託出去。此時需注意，讓對方遵守循第1至第7條訣竅。

職場高手默默在幹嘛

受託的工作，應秉持原則全力完成。

向面試官學習，解除初次見面警戒的六個步驟

我認識的一位人事專員，非常擅長解除人的警戒心理。無論是新進人員招聘還是中途招聘，都能讓過於緊張的應徵者瞬間放鬆下來。

如果不處於放鬆的狀態，就無法看到一個人真正的樣貌。

這位專員如此說道。

當然，這並非易事。與應徵者的見面可謂是「一期一會」，他們是為了求職而前來的，叫他們別緊張本身就是不切實際的要求。

然而，這位專員卻能迅速解除應徵者的緊張感。到底是如何做到的呢？我向他請教了這套可稱作是溝通典範的祕訣，並按照談話的流程整理出了六個步驟。

讓對方放鬆的六個步驟

01

打招呼時聲音宏亮，並加上一句關心話

進入房間時，要用宏亮的聲音打招呼。響亮的問候能帶來非常正面的印象，光是一句簡單的問候，音調不同，竟能讓對方的表情發生如此大的變化，讓人感到驚訝。不過，並非單純提高音量，而是在「你好」或「早安」後，再加上一句話。

今天很冷呢，特地過來真是辛苦了。電梯的人沒有很多吧？

辦公室的位置容易找到嗎？

謝謝你遠道而來。大概花了多少時間呢？

像是這樣。

仔細觀察的話，會發現這位面試官一定會問對方問題。只要對方開始回應，緊張感自然就會稍微緩解了。

讓對方放鬆的六個步驟 02

進入正題之前，先閒聊

在進入面試之前，一定會先進行閒聊。內容多半是無關緊要的話題，例如天氣、附近好吃的定食店，或者是求職活動、轉職的情況等，十分尋常。

然而值得一提的是，從閒聊過渡到面試的流程非常自然，讓面試彷彿成為閒聊的延續一般。

一句「那麼，差不多開始吧？」就能輕輕鬆鬆展開面試，並且立刻進入到「首先想問的是……」這類的開頭。

這樣一來，應徵者就能以最自然的狀態

參加面試。

讓對方放鬆的六個步驟 03

站在對方立場說出他們的感受

例如，面試中經常會詢問求職動機。大部分人在這種時候，只會問一句「您為什麼想申請我們公司呢？」。然而，這位面試官在提問之前，會先以「代替對方表達心情」的說上一句話：

我想，做出轉職的決定必定需要很大的決心。現在您應該正在仔細挑選多家公司，並考慮哪一間適合自己，但您為什麼會選擇我們公司呢？

替對他說出感受能使應徵者感到面試官是「理解自己的人」，從而更容易敞開心扉暢所欲言。

讓對方放鬆的六個步驟

04

坦白說出公司的不足與局限性

身為面試官，會希望「讓自己的公司看起來更好一些」，這是很自然的事。

不過，這位面試官並沒有試著把公司美化。

我們在平面設計相關上比較弱，這您應該知道。另外，設計能力也稍微不足。但是，我們在韌體開發方面很拿手。基於這些情況，您能分享一下，來我們公司後期待有什麼樣的發展嗎？

主動提到公司的弱點或不足，能避免應徵者產生不必要的期待，也讓應徵者更願意坦率表達自己的想法，雙方都不會浪費時間。

清楚回答問題

比如，當求職者說「我的工作地點希望是在東京都內」時，某些公司可能會回答「我們會在其他階段詢問具體需求」，不給出明確答覆。

再比如，當被問到「公司的離職率是多少？」時，有些公司會說「這是機密，但我們的離職率不高」，刻意迴避直接作答。然而，這位面試官卻有不同的處理方式。

希望工作地點在東京都內的話，我認為可能有些困難。

離職率大約是20％，雖然稍高，但我們正在反思中。由於○○的原因，我們計劃採取改善措施。

能夠如此清楚明確地回答，讓應徵者感到安心。

讓對方放鬆的六個步驟 06

讓對方盡情發問

該面試官設置了與面試時間相當長的提問時間。他說道：

與其由我們這邊提出問題，不如讓對方提問，這樣更容易掌握應徵者的真實面貌。

現場情況大致如下：

接下來進入提問時間，沒有時間限制，請隨意發問。

不用著急，可以慢慢思考問題。

外套可以脫下來，沒關係。

等等，他有意營造出讓應徵者更容易提問的氛圍。

這些祕訣與一般的溝通並無不同。
主要就是將「充分照顧對方」這樣的基本溝通原則付諸實踐。

職場高手
默默在幹嘛

為對方著想，
營造輕鬆且友好的交流環境。

任何人都能成為溝通高手的唯一要點

我認識的人當中，有一位被認為是「溝通達人」的人物。

雖說是達人，但他並不是年長者，而是與我年紀相仿。

他總是能迅速與任何人成為朋友，每次看到他，都讓我忍不住想「為什麼？」

而且，他對各種話題都非常精通，涉獵的範圍廣泛，無論與誰交談，都能聊得很熱絡。小說、政治、哲學、動畫、遊戲、偶像、音樂、電視，幾乎涵蓋所有領域。

我對於「為什麼他能有如此高的溝通能力」這件事產生了極大的興趣。

我長期以來為各種企業提供與「溝通能力」相關的培訓。其內容大致如下：

「傾聽的技巧——讓我們學會傾聽吧——」

「說話的技巧——學習優秀的簡報技術——」

並且，這些培訓的內容大多以「這種情況下該這樣處理」這類速成技能為主。例如，在「傾聽技巧」的研修中，會教授「在對方說完之前不要插話」或者「適時點頭示意」這類實用的技巧，重點是「能夠立即使用的技能」。

當然，這是基於「研修提供者的需求」所設計出的結果。因為企業管理者大多希望的是「能夠立即見效，並且能清楚看到員工有明顯改變」的研修。

然而，他似乎並未運用這些「技能」。他提到自己從未參加過這類商務技能研修，甚至對相關的商業書籍也表示「幾乎沒讀過」。

於是我下定決心要揭開他的祕密，與他一同參加了幾次會議，或請他在商務場合邀請我，觀察他是如何進行溝通的。

一開始，即使同行，我仍然完全無法理解他的祕密。

然而，經過幾次這樣的場合後，我終於注意到了一件事。

每當他與人見面，尤其是初次見面時，他總會先詢問對方的興趣和喜好。接著，他一定會在最後補充一句這樣的問題。

您有什麼推薦的嗎？如果有什麼好東西，請告訴我吧。

當然，對方談到自己喜歡的事物以及熟悉的內容時，總是樂意分享給他聽。而他也會毫無遺漏地仔細傾聽。

「原來如此，詢問對方喜歡的事情，確實是在建立良好溝通時非常重要的一環啊。」我終於瞭解他的作法了。

後來，我再次見到了他。

令我吃驚的是，他說那天會面時被推薦的所有作品自己「全都看過了」。這讓我非常驚訝，沒想到「他並不是僅僅隨口應付」。

- 接受到的建議，我試著應用到工作中了。
- 書，我讀了。
- 動畫，我看了。
- iPhone手機殼，我買了。
- 雜誌，我買了並閱讀了。
- 網站，我瀏覽並使用了。
- 服務，我嘗試使用了。
- 我去了那家店了。

他表示，除了那些價格特別昂貴或需要大量時間的項目外，他基本上會「把建議的東西全試一遍」。而且，在再次見到提供建議的人時，他會將自己的感受告訴對方。不僅有面的感受，覺得不怎麼樣的時候也會跟對方分享。

然而，對方都會愉快地回應話題，絕大多數情況下，話題還會變得更加熱絡。如此一來，雙方已經成為朋友一般的關係了。

人們喜歡那些對自己的興趣感到興趣的人。更何況，將自己的興趣分享給初學者，往往更讓人感到愉快。

獲得他人推薦後，立即親自試試看。

這種「真誠的態度」，就是溝通的祕訣所在。

職場高手
默默在幹嘛

詢問並了解對方的興趣，當對方分享後主動去嘗試。

當需求無法滿足時，正是溝通能力發揮的時候

很久以前，我曾經學過「如何分辨優秀的業務員的方法」。
當時，我剛開始從事業務工作，對於「開拓業務」的具體內容毫無頭緒。
因此，我在摸索中工作著。某天，我有機會與公司內業績第一的業務員共進午餐，
並從中聽到了非常有趣的故事。

我想向這位前輩請教業務的訣竅，於是隨口問道：

業務工作有什麼必勝的絕招嗎？

現在回想起來，這個問題模糊而稚嫩。但即便如此，對方仍然親切地回答了我。

這個嘛……雖然我不知道有什麼「必勝的絕招」，但有一個方法可以判斷一個人是不是好業務員。

我聽了感到驚訝，心想怎麼可能有這麼方便的方法，但說實話，我半信半疑。

他看著我，對我提問：

你不信嗎？當然也有例外，但這個方法大多數時候都管用。你猜是什麼？

是商品知識嗎？

這當然也很重要，但不是這個。

是回應的速度嗎？

這也不是決定性的差異。

那是待人接物的態度嗎？

當然，態度好當然更好，但這跟能不能成功銷售是兩回事。

我想到的答案一一被否定，很困惑。完全不懂。

當我看著他時，他默默地吃飯，似乎並不打算輕易告訴我答案。

我回想起之前讀過的關於業務工作的書，裡面似乎提到了「提案力」。於是，我問他：

是提案力是嗎？

提案力啊……提案力究竟是什麼呢？

沒想到，他反過來問我。說實話，要準確定義提案力，還真有點困難。我勉強回答：

一個能讓客戶滿意提案的人，不就是好的銷售嗎？

嗯，這沒錯。但我的問題是，如何看出一個人是否能提出好的提案？這個答案太模糊了。該如何判斷對方是否能讓客戶滿意？

……

我再次陷入了困惑。

很難對吧。接下來就來告訴你答案吧。

好的。

判斷是否是優秀業務員的方法，就是「看他是否也推薦其他公司的產品或服務」。

其他公司的產品？

沒錯。能做到這點的人就是優秀的業務員。

為什麼呢？

第一，必須真正了解客戶的需求，否則無法做到這一點。第二，要採取能夠長期獲得信任的行為。第三，必須對競爭對手的情況進行深入研究，否則無法做到。

確實，當其他公司的產品更好時，強行推銷自家產品是一種不良行為。

但是，有必要做到主動推薦其他公司的產品嗎？

站在客戶的角度想一想，這根本就是理所當然的事。客戶只是想知道「最好的服務」而已。能夠把這個告訴客戶的，才是真正的提案能力。

確實沒錯，但如果那麼做的話，不就會影響到自己的業績了嗎？

優秀的業務可不會對這種事斤斤計較。我認識的頂尖業務人員，不僅帶著自己公司的資料，還會把各種公司的目錄放進包包，根據客戶的需求取出來給他們參考。

原來如此。

結果，客戶會認為「如果是那個人選的，那就肯定沒問題」。到了這種程度，根本不需要再花心思推銷了。

確實如此……

從那以後，當我想了解眼前的業務人員能力時，我會觀察當他們的商品無法滿足我的需求時，他們的態度如何。

是強行推銷、乾脆說「做不到」，還是推薦其他公司的優質產品？
這三者之間的差異，一目了然。

職場高手默默在幹嘛

即使是其他公司的商品，也要推薦「最符合需求」的給客戶。

第 4 章

「深思熟慮的能力」

教你看清事物的本質

職場高手每天都在實踐的習慣

「聰明的平凡人」無法更進一步的五個原因

世上有許多「頭腦聰明的平凡人」。根據我的經驗，在大型企業、政府機構、研究所，以及像公認會計師這類專業人士中，都有許多這樣的人。「頭腦聰明的平凡人」具有以下特徵：

- **學歷普遍不錯，甚至有許多人畢業於名校**
- **談話時能感受到他們的敏銳和智慧**
- **在公司裡算是小有成就，但始終無法坐上部門主管或高層的位置**
- **他們的成就雖不錯，但沒有特別驚人的表現或成績**

有人說：「聰明與成功是兩碼事」我認為這句話完全正確。

聰明只不過是人的一項能力，僅憑聰明並不足以取得成功。

在這樣的人當中，有不少人會說：「當個平凡人就好，我只想過平穩的日子。」

我認為這樣也很好。他們能過上屬於自己的美好人生。

然而，不幸的是，其中有些人一心追求成功，卻始終無法如願。

在這種情況下，往往會與周圍的人產生摩擦。

周圍的人根本沒能力，完全聽不懂我在說什麼。

連這種事都搞不懂？真的是不行啊。

這地方我待不下去了，走人。

他們經常說出這樣的話，並反覆跳槽。

但實際上，他們所說的話，大多是正確的。

由於能力出眾，他們大多能正確掌握現況，對問題的洞察力也極高。

也正因為如此，他們與周圍的摩擦變得更加嚴重。

我曾經透過與這類人共事，聽過並見證過許多相關的故事。

其中有一位我認識的保險公司員工便是如此。

他的能力超群，幾乎能為所有問題找到正確的解決方法。他的能力之高，讓我時常感到驚嘆。

遺憾的是，這樣的人卻始終無法獲得升遷。

那麼，為什麼這樣的人無法取得成果呢？

為什麼無法成功呢？

根據我在多家公司觀察到的結果，原因有以下五點。

只是聰明平凡人的原因 01

「勇氣」被視為平庸之事

要想獲得重大成就，就必須在某個時刻進行挑戰。

然而，針對高風險事物的挑戰，對大多數人來說都是門檻極高的事情，僅僅因為聰明，並不代表一定具備挑戰精神。

如果缺乏挑戰精神，那麼只能停留在平凡的成果之上。

只是聰明平凡人的原因 02

不擅長尋求幫助

工作越是龐大，單靠一個人完成就越困難。

雖然也有例外，但頭腦好的人通常能獨立解決問題，因此反而不太擅長向別人求助。

相反會適時開口尋求幫助的人，更容易受到上司的喜愛。畢竟人們都喜歡被依賴，而適當地尋求幫助，也能讓人際關係變得更加融洽。

只是聰明
平凡人
的原因

03

讓周圍的人感到畏懼

在職場中，如何對待能力不如自己的人，直接反映了一個人的人品與領導力。而這種態度，往往會成為大家評價該人的依據。

某媒體公司內，有一位能力出眾的員工，卻未能得到應有的尊重與支持，原因在於其對不夠優秀的同事批評得過於直接且犀利。

「雖然總是發表不得要領的意見不妥，但那個人的指責過於尖銳。」這樣的評價逐漸傳開。

換句話說，那個人的發言無形中給周圍的人帶來了壓迫感。

只是聰明
平凡人
的原因

04

不要對他人抱太大期望

提到這種話題，有人會認為：「聰明的人應該不太擅長社交吧？」但事實並不是這樣。聰明人通常能夠理解對方的想法，所以人際互動能力差的人其實很少。

雖然漫畫和電視劇常常把聰明人描寫成「聰明的人往往死讀書、性格內向、不擅長與人相處」，但現實中很多聰明人其實也很擅長與人打交道。

不過，重點在於「能影響人心的並不是人際技巧」。

而是「對他人的期待」因為聰明的人本身能力很強，他們往往不太擅長「對他人抱有信任或期待」。

換句話說，他們難以相信「別人能比自己做得更好」。

只是聰明平凡人的原因 05

過度重視聰明才智

雖然人各有所長，但「聰明的人」往往會高估「聰明」這項能力的重要性。

從本質上來看，「聰明才智」並不是成功的必要條件。

成功的程度或許與聰明才智有關，但能決定是否成功的關鍵，並非聰明才智，而是「行動力」。

不僅要有聰明才智，還要具備勇氣、人緣和行動力。

顧問公司對部下施行的八項訓練

我曾在一家顧問公司工作了十二年，進入公司第四年就成為了管理職，從那之後一直負責指導部下的工作。

不過，我所教授的內容並不困難。只是繼承了上司傳下來的「理所當然」的事項而已，總共有八項。

這些內容非常簡單，大概任何公司都在實行，應該算是普通的事吧。然而，從個人角度來看，我認為這些都是非常重要的訓練，因此每個主題都應該投入精力、認真對待。

需要全力以赴的重要訓練 01

時間管理

時間管理是新人入職後最先要學會的技巧，也是做好工作的基本功。像是如何使用記事本、安排任務，以及規劃行程，這些都是時間管理的核心內容。

如果一個人時間管理不好，經常遺漏任務或延誤交期，即使再聰明，也會被認為「聰明卻不值得信任」。這就是為什麼主管通常會第一時間教新人時間管理。

需要全力以赴的重要訓練 02

強化寫作能力

我們雖然不是專業的寫作者，但在工作中，無論是撰寫電子郵件、報告書、提案書，還是製作各種資料，都經常需要具備良好的寫文能力。

有人可能會說：「文章這種事情，不用特別訓練吧。」但大多數人其實並不擅長寫文章。如果讓他們寫公文，往往會出現「差強人意」的結果。而像郵件這種和顧客往來的文字，如果不夠清晰，很容易直接引發客訴。所以，重視文章表達是很必要的。

我用的訓練方法其實很簡單，就是讓部下把「研討會教材」逐一進行濃縮和要約。我們的目標又不是培養小說家，這樣的訓練方式已經很足夠了。

這種方法不僅能幫助他們掌握公司內部的知識，也能有效提升文章能力。

雖然教材的數量相當龐大，將近 100 篇，對他們來說應該是很辛苦的。不過，經過一年的練習，他們的文章能力都有明顯進步。

需要全力以赴的重要訓練 03

討論（Discussion）

討論是一項極為重要的技能之一，特別是在顧問的工作中，因為與客戶進行討論的場合非常多。

「討論」與「辯論」並不相同，但有許多人仍有所誤解。討論的目的並非為了講贏對方。

如果讓對方感到挫敗，那些原本可以達成的協議也無法實現。討論是一種活動，其目的是「在不傷害對方自尊的情況下，巧妙地引導對方說出真心話，讓對方理解自己的意見，並在此基礎上達成比討論前提出的方案更好的共識」。

這種訓練方法極其樸實，只需在公司內反覆進行討論練習即可。

此時，只要清楚討論的目的，就能在較短時間內掌握相關技巧。

需要全力以赴的重要訓練 04

會議的掌控

也就是「引導（Facilitation）」的技巧。

因為經常需要在客戶端擔任會議主持的角色，所以即使是新進員工也會被安排學習如何「管理會議」。

會議引導的目標可以有很多種，而我所設定的目標是「讓會議氣氛更熱烈，同時能夠讓所有人都說出自己的看法」。

通過反覆練習，即使是新人，也會逐漸學會議主持人的技巧，比如「當討論卡住時，只要問這個人就能解決」或者「這個人若最早發言可能直接定案，所以最好把他的意見留到最後來問」。

這項訓練的好處在於，無論是否擔任會議主持人，成員都能學會「如何在會議中有效地參與」。因此，這是一個非常值得投入的訓練過程。

需要全力以赴的重要訓練 05

在眾人面前發言

我也積極讓年輕員工擔任研討會的講師。

當然，一開始誰都會緊張到聲音發抖，連致詞都無法順利完成，更別說授課了。

然而，人類的能力果然驚人。經過反覆的訓練，大部分人都能在大約半年的時間內變得能夠自信地演講。

訓練方法非常簡單，只需要記住研討會的內容，並不斷進行排練即可。事實上，任何人都有可能成為講師。

此外，一旦習慣了在眾人面前發言，就會建立起自信，大多數的簡報也能輕鬆應對。

需要全力以赴的重要訓練 06

強化閱讀能力

這是一項為了培養知識和提升閱讀理解能力的訓練。

我們採用的方法也非常簡單，就是「每月讀十本書」。此外，由於每個人在閱讀習慣上的熟悉程度不同，我並沒有特意指定「必須讀哪本書」。有人讀小說，也有人讀漫畫，但無論如何，讀點什麼總比完全不讀要好得多。

我們也會挑個時間，請大家分享自己讀過的書，進行好書交流等等。

需要全力以赴的重要訓練 07

培養自我思考的習慣

在部下來請教時，上司通常會先問一句：「你覺得呢？」這麼做的目的是讓部下在詢問前先嘗試形成自己的看法，藉此養成「自主思考的習慣」，這是一種相當實用的訓練方式。

需要全力以赴的重要訓練 08

飲酒聚會中的禮儀

由於顧問的工作性質，常常需要參加與外部人士的宴會，因此學會酒席上的禮儀成為必不可少的技能之一。

內部飲酒會被當作練習，部下們需要幫上司倒酒，注意空盤子和杯子，並負責補充點單，忙得不可開交。

我個人對於飲酒應酬一直都非常不擅長，甚至到現在，我依然覺得「如果不喜歡就不用勉強參加」也沒什麼大不了的。但不可否認，上司和前輩過去對我的嚴格要求，確實在我後來的外部應酬場合中發揮了不少作用。

最近經常聽到年輕人說「討厭喝酒聚會」，但如果你的工作需要經常參與外部應酬場合，那麼主動邀請上司一起參加，並學習應酬的禮儀，其實也是一種不錯的方法。

對於「簡單且理所當然」的事情，更要用盡心力去完成。

沒失敗過的人，沒人會信任

在各種公司裡，「必達目標」這個詞經常被使用。

這似乎是用來激勵員工的一種手段，但我一直有個疑問。

那些能夠持續達成目標的人，真的值得信任嗎？

確實，對經營者來說，每次都能完成目標的人是非常珍貴的存在。可能會因此給他們加薪，或者慷慨地發放獎金。

然而，另一方面，也有這樣的說法：

「能夠持續完成目標」，會不會只是因為「目標設定得過低」呢？

某家公司在討論人事評價制度時，話題延伸到「目標的難易度」。

該公司的經營者秉持著「員工必須達成目標，否則會造成困擾」的方針。因此，經營者依據目標的達成程度來決定員工的獎金金額以及次年的加薪幅度。

然而，如果目標設得太低，公司的利益難以增加；但如果設得過高，則會打擊員工的士氣。

因此，每年各部門主管都會費心與經營者協商「看似勉強能達成的目標」。

在部門主管與員工的努力下，這家公司幾乎所有人每年都能達成目標，讓經營者對自己的做法深信不疑。

然而，數年後，這家公司的產品變得陳舊，已經沒有人能夠達成目標，也沒有後續的新產品問世。

這是理所當然的結果。因為沒有人願意涉足高風險的挑戰。如果無法達成目標，作為員工在公司便毫無立足之地。

儘管經營者曾豪言壯語地表示：「高風險的新事業由我來開創」，但最終也未能如願，這家公司只能縮小事業規模。

當然，達成目標無疑是個人努力的證明，這一點毋庸置疑。

然而，如果有某個人總是能達成目標，或者有某個組織每年都能達成目標，那麼我們應該對這種工作方式抱持懷疑態度。

因為，沒有什麼比「不能失敗」的處境，更能讓人變得保守。

正如以《The Innovator's Dilemma》一書聞名的哈佛商學院教授克雷頓•克里斯汀生（Clayton M. Christensen）所指出的，大企業難以產生創新的原因，正是因為他們過度追求「避免失敗」。對公司職員而言，失敗在績效評估中往往是致命的，這使得他們更傾向於保守行事。

換言之，因為穩妥地完成目標更容易獲得認可，所以創新很難出現。

對於具有挑戰性的目標，**是否能取得成果取決於機率，而只有長期堅持挑戰的人才能實現成果。**

除此以外的，皆可稱為「虛假的成果」。

職場高手默默在幹嘛

不害怕失敗，持續挑戰新事物。

對商務人士來說「升遷」的真正意義是什麼？

「你想在公司升遷嗎？」

被這樣問到時，很多人可能會回答「一點也不想」。

然而，三十多歲時或許還無所謂，但到了四、五十歲還未能升遷，日子恐怕就沒那麼輕鬆了。

如果無法升遷，薪水無法提高，想做的事情也難以實現。

被周圍的人視為「無能之人」，甚至被輕視，這對自尊心來說是極大的打擊，恐怕很少有人能坦然接受。

然而，關於「如何才能升遷」，這個話題卻很少被深入探討。

或者更準確地說，關於升遷的討論，多數時候可能是「錯誤的資訊」。

舉個例子，前幾天我問某家上市公司的人：「要升遷，需要什麼條件？」

大家最先提到的是「提升技能」。

深入一問，答案大多圍繞「英語能力」、「企劃力」或「簡報能力」等技能層面。甚至有人說「討好上司」，還有人乾脆說「靠運氣」。

這些當然都很重要。但老實說，根據經驗我們都知道，像「英語能力」這類技能，並不是決定能否升遷的關鍵。

就算你拚命提升技能，或者想辦法討好上司，也不一定能夠順利升職。

那麼，最重要的到底是什麼呢？

關於這點，管理學之父彼得・杜拉克（Peter F. Drucker）曾經給出了一個相當有智慧的回答。

現實與企業劇集不同，下屬推翻無能的上司，並取而代之獲得高位的情節。這種情節在現實中幾乎不會發生。

如果上司無法晉升，下屬也只能在上司背後停滯不前。即使上司因無能或失敗被撤換，接任者通常不會是有實力的副手，而是由新任上司帶著他信賴的年輕主管團隊接管。

因此，擁有一位優秀且晉升迅速的上司，對下屬而言是最有利的條件。

※《卓有成效的管理者》（The Effective Executive）

簡而言之，**「上司能否升遷」是自己升遷的關鍵因素**。

即使你的上司沒有威望，對下屬也毫無作為，但如果他無法升遷，你也無法升遷。

漫畫《上班族金太郎》中，公司創辦人大和守之助一路提拔金太郎。

《課長島耕作》中，由於上司中澤喜一一路晉升至社長，島耕作自己也成為了社長。

漫畫雖是虛構的，卻也是現實社會的縮影。
那麼，在這種狀態下，我們應該做些什麼呢？
剛才引用的彼得・杜拉克的話，其實還有後續。

部下應該推動上司進行改革。有能力的高級官僚往往會自詡為值得信任的內閣閣員的顧問角色。

這些官僚會充分發揮他們擅長與國民建立良好關係的能力，努力達成成果，並設法克服各種限制。

然而，能夠取得成果的官僚會思考：「新任長官能做什麼？」如果新任長官擅長處理議會、大統領和國民之間的關係，那麼這些能力應該得到充分發揮。

即使是優秀的政策或行政措施，若不能透過政治手腕向議會和總統提出，就毫無意義。此外，如果媒體意識到官僚正致力於協助新長官推進政策，那麼他們也會更加樂意傾聽相關的政策說明。

※《卓有成效的管理者》（The Effective Executive）

雖然改變上司並不是一件容易的事，但可以幫助上司取得成果，發揮他的優勢，讓他成功晉升。

「發揮上司的強項，幫助他創造成果，讓他獲得晉升。」

這是自己晉升的唯一方法。

職場高手
默默在幹嘛

幫助上司取得成果獲得晉升，進而有助自己升遷。

為什麼想要有所成就的人應該考慮做副業？

最近，我感覺到周圍「除了薪水之外還有其他收入」的人正在增加。

根據人力資源公司保聖那（Pasona）的調查，最近大約每七名年輕員工中，就有一人從事副業。

然而，從個人的感覺來說，坦白說，應該有更多人從事副業也不足為奇。

話說回來，所謂的副業到底是在做什麼呢？

其實，答案非常單純。

最近經常聽到的例子有以下幾種。

- 透過YouTube進行遊戲直播來賺錢。
- 透過寫部落格並進行聯盟行銷賺取收入。
- 將自己製作的小物上架到網路商店販售來賺取收入。
- 建立一個出租自己房間的網路服務平台。
- 透過雲端外包平台接一些小型開發或設計工作賺取收入。
- 寫小說，並將其出版成電子書販售。
- 拍攝照片，並在網站上銷售這些照片。

然而，進行副業的理由並不僅僅是為了賺錢。

更重要的理由在於，可以進行「賺錢的練習」。

所謂「賺錢的練習」，就是自己製作商品、進行銷售、回收款項，並將其重新投資，體驗這樣的循環過程。

上班族由於在公司內部採取分工合作的方式來完成工作，因此賺錢的能力相對較弱。

然而，在這個變化迅速的現代社會中，如果只在一家公司內，僅僅按照被要求的事情去做，無論怎麼想，風險都很高。

公司的壽命越來越短，與其說是工作的年數，倒不如說公司存續的年數還要更短。歸根結底，將人生託付給任職的公司，等同於把自己的人生交給公司的需求和上司的安排。

「賺錢的能力」也被要求於技術人員身上。

例如，Google所尋求的人才是「智慧創做者（Smart creatives）」。Google前任董事長艾瑞克・施密特（Eric Schmidt）在其著作中如此寫道。

那麼，所謂的「智慧創做者」是怎樣的人呢？

智慧創做者擁有高水準的專業知識，能夠熟練運用自己的專業技能，並累積了豐富的實戰經驗。（中略）

像醫師、設計師、科學家、電影導演、工程師、廚師、數學家等，都有可能成

為智智慧創做者。

他們不僅擁有出色的執行力，還能將概念化為實際的產品原型。（中略）同時，他們還具備敏銳的商業洞察力，懂得如何將專業知識與產品優勢或業務成果結合在一起，並明白這一切的重要性。

※《How Google Works》日本經濟新聞出版社

乍看之下，「智慧創做者」好像是個很高端的角色，但其實和「靠副業賺錢的人」做的事情並沒有太大不同。

製作產品，宣傳推廣，然後賣出去。

這其實是一個相當有創意的活動。

同樣地，我在許多公司裡見過一些人，他們自己動手做產品，自己宣傳，再賣出去。這樣的人總是讓我感到十分敬佩。

因為這樣的人懂得把公司目標和自己的個人活動結合起來。

「為什麼我做出來的東西賣不出去呢？」
「為什麼自己創作的東西沒人閱讀？」
「為什麼自己設計的產品沒人使用？」

深入思考這些問題，反覆修正並堅持下去，是提升商業技能最有效的方法。

當然，假日玩遊戲、看電視、享受購物等「消費」活動，也是一件相當不錯的事情。

然而，若要真正掌握「應對未來時代挑戰的能力」，我認為積極地嘗試「自己製作、宣傳並銷售」是非常值得的。

培養深入思考、修正錯誤並堅持下去的能力。

僅用三天學到的技能，價值也僅止於三天

要成功掌握卓越的技能與技術，其核心關鍵是什麼呢？

有一位技術專家。

他以卓越的技術能力聞名，不僅在公司內部，也在外部贏得了廣泛的尊敬。大家都好奇，他為什麼能夠如此高效地完成開發工作，並渴望知道背後的祕訣是什麼。

有一天，年輕的技術人員前往那位技術專家身邊，懇求道：「請教我們，如何像您一樣快速完成開發工作？」

他爽快地答應了，並承諾：「我會舉辦一場工作坊。」

後來，工作坊如期舉行，聚集了許多年輕的新進人員和年輕技術人員。

大家滿懷期待地想知道：「他究竟使用了什麼高明的技巧與方法？」

他將「自己所做的事情」整理成幾頁資料，分發給參加者，並對大家說：

請練習到能夠掌握這裡所寫的內容為止。

資料中記載了一些基本的處理方式、函數的使用方法，以及設計的訣竅等。然而，裡面並沒有特別新奇的內容。大家紛紛提議質疑。

這些我們都知道了。

請教我們更有用的東西吧。

我們之前學過了。

聽到這些話，他這樣回答：

那麼，我沒有什麼更多可以教你的了。說到底，如果想提升技能，那就只能多加

實踐，反覆動作而已。

可是，我希望能更高效地掌握技能。

如果三天就能學會的話，大家同樣也能在三天內學會。提升技能的方法，終究還是要靠自己去摸索。說到底，如果想畫得比別人更好，就只能比別人畫更多。

但是……

或許你說得沒錯……

如果你想寫出動人的曲子，那麼唯一的方法就是比別人寫更多的曲子。也許有更高效的途徑，但這並不代表你可以將三年的努力壓縮成一年。

……

……

……

只要從今天開始每天練習一小時，一年後，你就會累積比完全不努力的人多出三百六十五小時的經驗。十年後，這個數字將接近四千小時，這種差距將難以被超越。這就是所謂的「卓越」。

我長期以來為各種企業提供培訓課程。當然，培訓中傳授的知識與思維方式都是經過精心設計的，因此培訓滿意度幾乎總是超過九成。

然而，能否真正將這些知識應用到實際工作中，並產生成果，則是另一個問題。根據後續調查，實際將培訓所學付諸實踐的人僅約兩成。

這就是現實的數據結果。

但那兩成的人，確實感受到自己「技能提升」的成效。

要提升工作能力沒有捷徑，唯有投入時間。

這也清楚地顯示，近年來被人嫌棄的「基礎磨練」，其實是不可或缺的過程。

不抗拒「基礎磨練」，
付諸實踐並持續努力。

「比自己優秀的人」的數量，反映了個人的氣度

談到人才招聘，HONDA（本田技研工業）創辦人本田宗一郎曾說過一句發人深省的話：**「怎麼樣？錄用那些你自認無法駕馭的人才吧！」**

這句話堪稱「說起來容易，做起來難」的範本。本田宗一郎認為，那些超出自己掌控範圍的人，才是真正值得錄用的人才。

本田宗一郎的氣度由此可見。本田宗一郎的這句話揭示了「招聘人才的本質」，但這種招聘方法對一般人來說難以實踐。

大多數公司因為不敢錄用「難以駕馭的人才」，所以超越員工水準的人才不會來到這家公司。無法錄用高能力人才的原因，正是因為他們自身的格局太小。

因此，實際上，若非由「大氣的人」擔任面試官，連公司平均水準以上的人才都很

難招募到。

我曾觀察過各種企業的招聘活動，雖然有面試官宣稱要「看透求職者」，但實際上，反而是求職者識破了面試官，這樣的情況多到不勝枚舉。因此，要成功進行招聘活動，最重要的，無論如何都是「面試官的挑選」。那麼，應該如何判斷「大氣的人」呢？

我曾協助過一家公司，當時他們在挑選面試官時遇到了不少難題。

這家公司傳統上由團隊領導和高層管理人員擔任面試官。但根據我的觀察，有能力的人大概只占了一半，剩下的則是因為年資而被推上這個位置，能力並未被列入考量。

我雖然覺得有些多事，但還是向社長提了個建議。

以現有的面試官標準，恐怕很難選到真正優秀的人才。

嗯，我知道。今年我們打算先確認他們是否適合，再讓他們成為面試官。

是否適合？要如何確認呢？

那麼，就請您跟我一起吧。剛好現在要進行適性面談。

說完，他將我留在了房間裡。十分鐘後，一位高層主管走了進來。

今天請您過來，是想了解您是否適合擔任招聘面試官，想聽聽您的想法。

接下來，我會問幾個問題，請您回答。

沒問題，請問吧。

我心想：「他會問什麼樣的問題呢？」滿懷期待。然而，讓我意外的是，社長向主管提問的內容全是些平淡無奇、極為常見的問題。

你會觀察應徵者哪些方面？

你打算問應徵者什麼問題？

而應徵者早就預測到了這些問題，於是流暢地給出了一套標準化的回答。

我心想：「這樣真的能判斷適不適合嗎……？」感到有些不可思議。

大約過了二十分鐘，社長開口道。

那麼，最後一個問題。我想用來作為選拔面試官的參考，請你舉出身邊你認為比自己更優秀的人。

主管露出疑惑的表情。

比自己優秀……嗎？

沒錯。

主管苦笑著回答。

嗯，這不是恭維，但社長，還有○○先生。

○○先生嗎，原來如此。在主管之中，他確實顯得格外優秀。順便問一下，理由是什麼呢？

主管一一說明理由後，社長輕輕點頭說「……嗯，謝謝。」然後面談結束了。

社長陸續用同樣的問題詢問了幾位主管，來到了第四次面談。

這位領導者不僅是團隊的重要成員，也被視為下一任高層主管的潛在人選。社長問完與之前相同的問題後，來到了最終的提問。

好了，最後一個問題。為了決定誰適合擔任面試官，請告訴我，你身邊誰是你認為比自己更優秀的人？

那位領導稍微思考了一下，然後慢慢地說。

首先是A先生，他的洞察力和業務能力都很優秀。接著是B先生，雖然業務能力一般，但他非常有人望，帶領團隊的能力真的很突出。再來是C領導，如果交給他負責現場管理，可能連社長也比不上……不好意思，說得有點過分了。最後是我們部門的D先生，雖然是新人，但說實話，他的設計能力比我還要強。

舉的人還真不少啊。

社長微笑著對領導者說道。

這是當然的。每個人都有比我優秀的地方，也有比我不足的地方。

明白了，謝謝你。

主管離開後，社長與我單獨留下來，帶著自豪的神情說道。

面試官就決定是他了。

原來如此……

他擁有寬廣的胸襟，甚至可能超越我。我還是會被莫名的自尊心束縛啊……沒錯。當被問到「舉出你身邊比自己優秀的人」時，能舉出多少人，就反映出這個人的器量有多大。

原來如此……

今年，一定要把招募人才的工作做好。交給他應該就沒有問題了。

正如社長所預料，那位領導者聘用了許多傑出的人才。有時他向應聘者請教，有時說服應聘者，展現出縝密的心思與超凡的手腕。

真正優秀的人物，往往能看清他人優秀之處。獨占世界財富的鋼鐵大王安德魯・卡內基（Andrew Carnegie）的墓誌銘上刻著這樣一句話：

「懂得與比自己優秀的人合作的人，長眠於此。（Here lies a man who knew how to enlist in his service better men than himself.）」

這是擁有無比寬廣胸襟的人物留下的名言。

職場高手

默默在幹嘛

能推薦比自己更優秀的人，具寬大的氣度。

學習「輕鬆地」努力吧

那位上司是一位讓人努力的高人。但他總是說：「輕鬆地努力吧。」

這句話乍聽之下似乎矛盾，但實際上並非如此。

要想將事情做得出色，即使擁有天賦也還是需要努力。然而，我們可以選擇如何去努力。

也就是說，**是要痛苦地努力，還是輕鬆地努力**。

而痛苦的努力是無法長久持續的。嚴格來說，那根本不是努力，只是「忍受痛苦」罷了。

輕鬆地努力，並且為了能持續努力而下的工夫也包含在「努力」中。

他是這麼說的。

例：有一本「必須閱讀」的書

其實並沒有在努力的人

開始閱讀書本。

←

讀到第十頁時，開始覺得無聊，感到痛苦。

←

但是，還是必須完成閱讀並寫報告。

←

在快要放棄時強忍著，拚命努力，花了十個小時，筋疲力盡地完成。

↔

輕鬆地努力的人

思考如何在做相同事情時，能以更輕鬆的方式執行。
↓
向讀過這本書的人詢問概要。
↓
問「哪裡特別有趣？」並請對方分享讀書報告。
↓
若身邊沒有這樣的人，尋求他人的幫助。
↓
繼續閱讀書本。
↓
透過聽取不同人的想法，閱讀會變得更輕鬆。
↓
透過了解他人的觀點，自然而然地會浮現出自己的想法。

← 能寫出與獨具特色的報告。

例：業務工作上必須電話行銷

其實並沒有在努力的人

雖然這不是一份愉快的工作，但為了取得成果，必須每天持續執行。

← 伴隨著極大的痛苦，努力每天完成了任務。上週成功取得了三個預約。

← 這週僅獲得兩個成果，下週也必繼續。

↔

輕鬆地努力的人

設計了一個將電話行銷過程進行量化的「電話行銷遊戲」。電話被接起來得一分，聯絡到負責人得一分，引起對方興趣得一分，成功約到會面得一分。

↓

「三十分鐘能拿到幾分呢？」撥打電話時懷著這樣的想法。

↓

將分數視覺化後，自己進步的幅度就能一目了然。

↓

試著和同事競爭看看。

↓

當你玩膩這個遊戲時，已經熟練到不再有任何感覺了。

職場高手
默默在幹嘛

尋找讓自己「輕鬆努力」的方法。

最終來說，「努力的天賦」這種東西根本不存在，存在的只有巧妙的方法。

他說：**「光靠努力是不行的，要用對努力的方法。」**

這裡不存在什麼精神論，只有實實在在的技巧和方法。

第 5 章

「推動與協作的能力」

是豐富人生的
強大夥伴

職場高手
都懂得領導力的重要性

「別讓人一再重複同樣的話」等於是「不稱職的象徵」

不要讓我一再重複同樣的話。

這是對表現不佳的部下常見的責備台詞。
明明已經提醒過，也再三叮囑過，但還是犯下同樣錯誤的部下，總是讓上司頭疼。

又遲到了嗎？我說過多少次了？

又忘了交報告嗎？你到底在做什麼？

又忘了打電話給客戶嗎？不要讓我一再重複同樣的話。

被責備的部下或許感到痛苦，但負責責罵的上司內心更加煎熬。

「那些無論被叮囑多少次，卻依然粗心犯錯的部下」，毫無疑問成為上司胃痛的原因，這種情況在各個企業中比比皆是。

然而，也有一些經營者敢於向這類上司提出批評意見。

大約十多年前，我在一家製造業公司聽到過這樣一段話。

「不要讓我一再重複同樣的話」這句話正是上司無能的證明啊。因為，上司的其中一個職責，就是確保部下不會一再重複同樣的錯誤。這是再基本不過的道理。

「無能」這個詞可不太溫和。我決定仔細聽取他的說明。

我們公司有一套關於錯誤的明確規則。

請具體說明一下吧。

好的。首先，第一次的錯誤不歸咎於任何人。因為工作中出現錯誤是常有的事，世上也沒有完美無缺的人。有些錯誤可能會帶來嚴重後果，但如果過於害怕犯錯，就無法大膽行動。因此第一次的錯誤不會被追究責任。

「不究責」確實是一個大膽的想法，因此我對這位經營者產生了濃厚的興趣。

至於同樣的錯誤發生第二次，也就是重複出現的錯誤，那就是**當事人的責任**。我會嚴厲地批評。因為同樣的錯誤發生兩次，代表他根本沒有從中學習。

的確如此。

然而，**如果第三次再犯同樣的錯誤，那麼這就是上司的責任了。**

第三次的錯誤責任不在本人，而在上司，這是一種有趣的觀點。

不是本人嗎？

沒錯。上司在看到第二次錯誤發生時，卻沒有讓當事人確實執行防止再發生的對策。你明白嗎？反覆發生的錯誤，不應該依賴當事人去解決，而是應該透過機制來防範。否則組織將無法累積經驗，也無法明確責任歸屬。這是絕對不能被容許的事情。

原來是這樣。

這意味著「不要讓我一再重複同樣的話」這句話，本來就不應該存在。因此，我會說這是無能上司的證據。

這段故事，是我過去在進行「品質管理」諮詢時發生的事情，這讓我深入了解了組織防止錯誤再次發生的機制，成為一次寶貴的學習機會。

職場高手默默在幹嘛

第三次錯誤發生前，設計避免錯誤產生的機制。

比起聰明才智，更應優先考慮「行動力」

在某家公司裡，曾有一場關於領導者風格的討論。

「『聰明型領導者』和『行動派領導者』，員工更願意跟隨哪一種？」

當然，兩者兼具是最理想的狀態。

但事實上，往往「思考型」和「行動型」很難同時存在於一個人身上。

究竟人們會自發地追隨哪一類領導者呢？

有參與者提出了問題。

所謂「聰明型領導者」是什麼樣的呢？

可以定義為「能夠周密地擬定計畫，依據數據而非直覺來判斷，並且很少犯錯的人」。

那麼，所謂「有行動力的人」是什麼樣的人呢？

「計劃做到最小限度，自己率先行動，憑直覺進行判斷。雖然經常出錯，但修正也很快的領導者。」這就是所謂「有行動力的領導者」。

此外，還補充道「在成果上兩者幾乎相同」。

那麼，大家怎麼看呢？

結果一目了然。如果成果相同，絕大多數人選擇跟隨「行動派領導者」。相反的「聰明型領導者」卻被嚴厲批評。

讓人覺得自己好像沒被需要。

感覺他不會跟我們一起吃苦。

只關心數字，沒有任何趣味性。

這類看法常常出現。

有趣的是，越是能幹的人，越支持有行動力的領導者。

即使領導者犯了錯，我們也能輔助他們。

挑戰本來就伴隨著錯誤。

會犯錯的人，反而更值得信賴。

在討論開始之前，大多數人認為不會犯錯的領導者更受歡迎。然而，能幹的人反而更支持行動派領導者，並提出了上述觀點。

另一方面，工作能力不足的人則提出了不同的意見。

我不喜歡被迫做毫無意義的工作。

如果不是比我更優秀的人，我不會承認他是合格的領導者。

我曾懷疑：「這難道只是這家公司的特殊情況嗎？」但回想起過去拜訪過的公司，

真正受到大家愛戴的領導者，確實更像是那種「行動力十足的領導者」。

這場討論的結果，有其合理性也可以用一句話概括：「人性的魅力造就領導者」。

而這裡所指的人性魅力，並不是「以最小的力量準確完成工作」，而是「全力以赴，竭盡所能地努力工作」。

我相信，讀者當中有些人現在是領導者，或者未來將成為領導者。作為領導者，有些人可能會感到壓力，認為自己必須成為模範，或者絕對不能犯錯。

然而，部下所期望的領導者，並不是「絕不犯錯」，而是能率先行動，在犯錯時坦然承認錯誤，並迅速加以修正。

職場高手
默默在幹嘛

帶頭行動，並透過反覆的嘗試與修正來學習。

判斷「優秀上司」與「糟糕上司」的六大基準

我身為顧問，必須參與多家企業的專案，並比較各公司管理職位的主管，因此分辨「優秀的上司」和「糟糕的上司」也是我工作中重要的一環。

原因在於，如果將專案責任交給「糟糕上司」，專案幾乎不可能順利推進；但若交給「優秀上司」，即使出現一些問題，專案也能順利完成。

顧問畢竟是外部人士，成果的成敗取決於該公司員工的表現。而擁有權限指揮員工的人，則是他們的上司。

因此，當專案啟動時，我會首先花大量時間去判斷誰是優秀的上司。

每個組織中都存在優秀上司和糟糕上司。

有趣的是，「內部評價高」並不必然代表該上司就是優秀的。

相反，有些人憑藉良好的內部評價獲得信任，但實際上將工作交給他們後，最終卻發現他們「毫無作為」，從而引發嚴重問題。

因此，我在判斷「是否為優秀的上司」時，設定了六個不依賴公司內部評價的判斷標準。

當然，這並非萬能的判斷標準，有時也會不準確。

然而，在多家公司進行驗證後，這六個標準證明還算實用。

如果你現在已經是主管，請試著對照這些基準，檢視自己的管理風格。如果你未來有機會成為主管，不妨將你的上司作為參考，將這六個標準視為未來發展的重要參考。

優秀上司與糟糕上司的判斷標準
01

是談論部下的優點較多，還是抱怨部下的缺點較多？

優秀上司

在談論部下時，經常說：「這傢伙很擅長這個」「這傢伙這點很厲害」，充滿著對部下的自豪感。他們會說：「能和這麼有趣的部下一起工作，真是幸福。」

↔

糟糕上司

總是抱怨部下的弱點，常掛在嘴邊的是：「他做不好○○」「他不擅長○○」。

優秀上司與糟糕上司的判斷標準 02

心情好還是不好？

優秀上司

優秀上司大多時候總是笑容可掬。即使遇到難題或接到客戶投訴，他們也能控制好情緒，並有條不紊地處理問題。

↔

糟糕上司

大多時候看起來心情不太好。雖然他們不會直接發脾氣或責罵下屬，但大家都能感受到他們的不悅情緒。

優秀上司與糟糕上司的判斷標準 03

談論我們公司的「魅力」還是「問題」？

優秀上司

能夠清晰地談論「我們公司的魅力」。當然，他們也了解公司的問題。然而，每當提及這問問題時，他們總是會同時說「我們公司」和「我們工作的魅力」。

↔

糟糕上司

只會評論「我們公司的問題」。他們眼中只看到「問題」，卻沒有向下屬傳達「公司優秀的地方」。

優秀上司與糟糕上司的判斷標準 04

是否會道歉？

優秀上司

懂得道歉。再優秀的上司也有可能犯錯，這時候的態度特別關鍵。優秀上司會坦然承認自己的失誤，真誠地道歉，迅速下達修正指示，把事情導回正軌。

↔

糟糕上司

無法道歉。當他們下達了錯誤的指示時，往往花費大量時間為自己辯解，導致錯誤無法及時修正。他們認為道歉會損害自己的威嚴。

優秀上司與糟糕上司的判斷標準

05

重視與自己「想法相同的人」還是「想法不同的人」？

優秀上司

在會議或討論中，只要是秉持著「為公司好」或「為顧客著想」的前提，優秀上司往往更重視「有不同意見的人」。這使他們能夠從更多角度去應對問題。

↔

糟糕上司

往往只重視「和自己意見一致的人」，有時甚至會排擠那些持不同觀點的人。部下察覺到這種現象後，不再專注於「為公司利益努力」，而是花時間「迎合上司的想法」。

優秀上司與糟糕上司的判斷標準 06

會持續學習，還是依賴過去的經驗？

優秀上司

即使升遷之後，依然持續學習。他們蒐集資訊、閱讀書籍，從經驗中總結法則，並透過實踐加以修正。此外，他們還向下屬學習，一步一腳印地累積努力。

↔

糟糕上司

一旦升遷，就停止學習。他們以「過去的成功經驗」作為判斷標準，對任何違背這些經驗的事情都無法容忍。

有些「優先上司」從不稱讚下屬，
也有些「糟糕的上司」待人和善。
關於這六項標準，無論是否會稱讚下屬，或人際關係好壞，都可以作為判斷的依據。

職場高手
默默在幹嘛

具備與人際關係無關的「優秀上司判斷標準」。

「做出成果時」正是命運的轉折點

企業組織的管理並不容易。

而這種困難的核心在於「必須在維持多樣性的同時，保持團隊的凝聚力。」一旦所有成員的思維變得單一化，這樣的企業就很難擁有未來。

在生態系統中，遺傳多樣性之所以被認為重要，原因之一是為了避免單一災害造成整個物種滅絕。要適應外在變化，多樣性是不可或缺的關鍵。

在享譽全球的動畫電影《攻殼機動隊》（押井守導演／士郎正宗原作）中，登場人物說道：「無論是組織還是個人，過度的專業化最終將導向緩慢的死亡。」

然而，如果組織內部所有成員的規範彼此差異過大，該組織同樣無法存續。因為這樣的組織將不得不將大量資源投入內部鬥爭，而非對外競爭。

意思決策遲緩，行動無法誕生。這樣的組織無法生存下去。

有一次我拜訪了一家商社。那位社長出身於銷售部門，氣勢十足，看起來是個很懂得與人打交道的人。然而，內部的業弓人員似乎並不這麼認為。他們這樣說道。

無法創造成果的人，根本不算是公司的一員。「只有創造出成果，才能理直氣壯地發言。」社長總是這麼說。

原來如此，或許是這樣吧。於是我向那位銷售人員進一步詢問。

業績不佳的人會怎麼辦呢？

「乖乖閉嘴，聽那些有成果的人說話就好。」大家都這麼說。

在公司內部，成績第一名的員工會被特別表揚。

牆上公開張貼著個人銷售成績，還特地展示「銷售第一員工的留言」，以激發大家的競爭心。

這家公司的業績曾經蒸蒸日上。連續三年刷新最高利潤紀錄，員工人數終於突破百人大關，勢如破竹。

八年後，我再次拜訪了這家公司。雖然闊別已久，但他們熱情地迎接了我。然而，過去四年業績一直不見起色。員工人數徘徊在一百三十人左右，既沒有減少，也沒有增加，始終停滯不前。

據員工表示，自從雷曼風暴以來，公司開始出現問題，主要原因是客戶接連要求降價，加上庫存過剩，導致利潤難以提昇。

那位銷售第一員工後來怎麼了呢？

業績一下滑，他很快就辭職了。當時的員工現在大概只剩下三十人左右了。

原來如此，大家辛苦地將公司重新整頓起來了啊。

是啊。雷曼風暴之後，真的非常艱難。雖然當下業績沒有立刻受到影響，但大約半年後，業績逐漸受到衝擊，有一段時間真的不知道公司會變成什麼樣子。

你們是怎麼度過危機的？

八年前不暢銷的新產品逐漸提升了銷量，現在產品結構完全更換。雖然不像以前那樣大量銷售，但由於單價高，後續服務變得繁瑣。

後續服務？

是的，現在主要在商品交付後，提供類似顧問服務來獲取收益。

貼在牆上的業績排行榜已經不見了。

評估標準發生了巨大變化，那些喜歡傳統銷售風格的人幾乎都辭職了。

現在表現優秀的員工，其實只是剛好公司目前的業務或產品，正好跟他們的能力契合而已。

但我們要留意的是，這種契合並不是絕對的。

即使現在看起來業績超群的員工，如果產品或業務內容改變，說不定也會無法發揮原本的實力。反過來說，那些目前被認為表現不佳的人，換個業務環境或角色，可能就能展現出非凡的才能。即使業務能力不好，但轉行做程式設計或設計師，卻能大放異彩。

當然，把「有成果的人」和「沒有成果的人」一視同仁對待是錯誤的，這樣只會營造出一種不重視成果的企業風氣。

然而，**有成果的人必須意識到「現在，我只是運氣好而已。」**

這是事實。

因此，如果你現在是一位有成果的員工，就應該謙虛地思考，如何讓「沒有成果的人」也能發揮出自己的能力，並與他們一同努力找到解決方法。

這往往意味著，這個方法可能與你原本的做法不同。但你必須接受它。

要實現「多樣性」與「團結性」的平衡，有成果的員工必須改變自己的想法。

職場高手默默在幹嘛

即使有了成果也不自滿，要認為只是「運氣好」。

「催促工作」和「提昇工作速度」其實是兩回事

在每間公司裡，幾乎都會出現愛催工作的上司。
括號裡是真實的員工心聲。

這件事，三天就能搞定吧？
……好的。（不，三天根本不可能完成啊！）

這個專案，一個月內能結束吧。
……我會努力。（不，老闆，光是開始執行就得至少三個月啊！）

當然，我能理解上司想要早點看到成果的心情。

同時，也不難理解他們可能懷疑「部下是不是在偷懶？」的想法。

被上司催促時，工作進度不但無法加快，反而讓下屬花費更多時間思考如何應對上司的壓力，造成時間上的浪費。

即使趕工勉強完成，雖然能在期限內交差，但最重要的項目成果和工作品質往往會變得草率應付。而後續的修正工作，反而需要耗費更多的時間，使人不禁懷疑，當初為何要如此著急地推進工作。

在這種情況下，專案管理領域的權威人物湯姆・狄馬克（Tom DeMarco）曾說：「有很多人認為管理者的工作就是施加壓力。」

然而，與此相反，也存在一些能加快部下工作進度的主管。他們並不會催促部下加快速度。

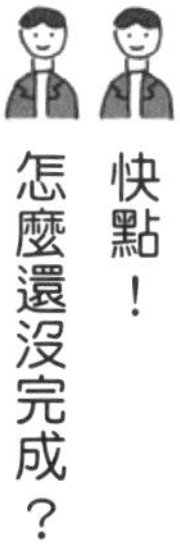

這種話他們絕不會說出口。

儘管如此，部下在這類主管的帶領下，比起那些被催促的環境，工作的完成速度反而更快。

前者是讓人感到困擾的上司，而後者則是大家都希望遇到的理想上司。

兩者之間的差異到底在哪裡呢？

關鍵在於，是否對部下說出以下兩句話。

1 我希望你在〇〇日之前完成這項工作。為了實現這個目標，有什麼困難嗎？有什麼是我可以幫忙的嗎？

2 〇〇這項要求是必須達成的。〇〇則是努力的方向。

第一點：詢問自己可以提供什麼支持。

第二點：明確告訴部下「事情的優先順序」和「目標」。

事實上，催促只會干擾部下的工作，最終等同於什麼事也沒做。

上司真正該做的事情，其實是**「提供協助」**和**「明確設定目標標準」**，但很多人卻忽略了這一點。

即使部下真的有些怠惰，透過這種方法，仍能讓部下承諾達成成果，同時也能設定合理的期限。

因此，只要說出這兩句話，部下的工作速度就會大幅提升。

不要只是施加壓力而犯下愚蠢的錯誤，身為上司應該做好自己該做的事情。

職場高手默默在幹嘛

傾聽需要協助的重點，並清楚傳達事情的優先順序和目標。

培育人才的最佳方式，就是別把一切都教給他們

在我擔任公司職員時，最值得感謝的上司是一位極為出色的人才培養者。他身處公司高層，然而，我的前輩、同事以及當時的下屬們，至今仍展現出卓越的素養，這讓我更加確信他的卓越之處。

為什麼這位上司如此擅長培育人才呢？

我想每個人都有不同看法，但其中一個核心因素，無疑在於當下屬向他提問時的應對方式。

舉例來說，每當有人向他詢問時，總是這樣展開對話：

不好意思，現在可以向您請教一個問題嗎？

沒問題，請說。

今天我拜訪了一家公司，分別對客戶的社長和部長進行了訪談，並請他們對當前狀況發表想法。

嗯。

不過，從訪談內容來看，社長和部長之間的意見存在分歧。在這種情況下，我應該相信哪一方的意見呢？

原來如此，真有趣。

兩方的說法都各有道理……不過我自己也無法判斷。

拿來我看看。

上司接過我遞上的資料，仔細思考了三分鐘左右。

回頭想想，上司當時應該是在思考「要如何有效地讓部下理解這件事」的對策吧。

那麼，安達你怎麼看？

嗯……我也有點摸不著頭緒。兩方的說法似乎都有道理，但部長說得有些含糊不清……

請從結論開始說。

抱歉，我認為應該相信社長的說法。

哦？為什麼？

因為部長看起來缺乏自信，說話也含糊不清。

原來如此。稍等一下。（開始畫圖）

您在畫什麼？

讓我整理一下，稍等片刻。

他在向人解釋時，總是先畫圖，透過視覺化的方式幫助對方整理思緒。

他從不直接給出答案，而是專注於協助對方理清頭緒。兩分鐘後，他拿著畫好的圖說道。

請看，圖上的關係是這樣的。社長是這樣說的，部長是這樣說的。你注意到了什麼嗎？

？？？

安達先生，我想您應該能在五分鐘內看懂。

……請稍等一下。

好啊。慢慢想，沒關係。

……要注意的事情……是指客戶部長所說的話，和之前的說法有所矛盾嗎？

嗯，這也是原因之一，但矛盾這種事情很常見吧？還有更重要的事情。

……

安達先生，我想你應該已經知道答案了。就是這個。

……嗯。

當我陷入困惑時，他一步步地給出了提示。一步一步，精確而明確。

那是一個關鍵線索，讓我知道應該重點思考的地方，以及解決問題的突破口。

部長為什麼會這樣說呢？他面前站著的是誰？

啊……難道是因為有部下在場，所以他沒辦法說出真正的話嗎？

那麼？

如果是這樣的話……那就跟○○公司的案例一樣了！原來如此，只要相信社長的話就沒問題了呢！

沒錯，答對了。

非常感謝！我明白了！

但是，作為注意事項，××這點一定要小心。

咦？為什麼呢？

你覺得是為什麼呢？（之後，這樣的對話會不斷重複下去。）

當我向他人講述這件事時，有些稍微接觸過教練技巧的人會說：「這不就是教練式對話嗎？」

但我總覺得，這並不完全是所謂的「教練技巧」。

這位上司與我們的交流，就像是在享受一場益智節目一樣，透過梳理複雜的課題，幫助我們理清思緒，導向理解。

這其實是一項非常需要耐心的工作。只要直接告訴我們答案，他本可以在十分之一

○○先生，我相信你能找出答案。
但有一些需要注意的地方，然後……
請直接
告訴我答案。

的時間內回到自己的工作上，但他沒有這麼做。

當然，也有些部下可能因時間不足或能力有限，急著想要知道答案。在這種情況下，根據問題的難度，有時直接告訴答案也是可以接受的。

然而，如果認為部下有能力找到答案，出於為部下著想，可以坦率地說：「我相信○○你能找到答案。」

只需簡單指出關鍵的注意事項，然後輕描淡寫地說：「接下來就隨你自由發揮吧。」這也是一種很好的做法。

美國喬治・華盛頓大學的人才發展學教授麥克・馬奎德在其著作《你會問問題嗎？

問對問題比回答問題更重要！》（Leading with Questions: How Leaders Find the Right Solutions by Knowing What to Ask）中如此指出。

當上司問部下：「你怎麼想？」時，部下會有什麼感受呢？部下會因被徵求意見而感到受到信任，並被認可。當部下真切感受到被上司認可時，他們會產生自信。而這份自信將進一步轉化為上進心和積極性，最終促使部下成長。（作者譯）

也許，為了讓部下成長，上司所提供的並不是「知識」。透過與上司的互動，部下獲得的是「自己解決問題」所帶來的「自信」。

職場高手
默默在幹嘛

對於「屬下自己有能力解決」的問題，不要將答案全盤告訴他們。

工作中最棒的事，就是能擁有自己的「自由」

前幾天，我參加了一場畢業新生的招聘面試，最後按照慣例進行了「提問時間」。這家公司在面對「提問」時極為開放，可以說不存在所謂的「禁忌問題」。從離職率到加班情況，再到年假使用率，公司說明會上都會全面公開資訊。因此，學生們可以毫無顧慮地提出各種問題。

其中一位公司高層這麼說。

學生的提問，是一年之中讓我們學到最多的一件事。因為他們未來不僅可能成為我們公司的員工，還有可能成為我們的顧客或合作夥伴。

在面試中，學生經常提出的問題之一是：「在工作中，讓您感到最開心的是什麼？」

對於這個問題，該主管的回答給人留下了特別深刻的印象。

當被問及這個問題時，主管靜靜地回答道。

原來如此，最開心的事情是什麼呢？不好意思，在回答之前，我能先問您一個問題嗎？

啊，可以。

學生看起來有些意外。

為什麼你會對這個問題感到好奇呢？

嗯，說實話，我還沒有真正工作過，所以我不明白「工作的樂趣」是什麼。

學生說完後，沉默了一會兒，接著再次開口。

所以，我才特地問這個問題。雖然報紙上經常寫著「日本人工作過度」，但我認為

「因為喜歡而工作的人」應該也不少吧。為什麼大家能夠這麼努力地工作呢？這讓我感到不可思議。

那位主管沉思片刻後，緩緩地說。

通常這種時候，大家可能會說「達成了目標」或「受到客戶的讚賞」之類的答案吧。但我想，這樣的回答恐怕很難讓各位感到共鳴。

……

所以，我就直說了吧。說到底，可能聽起來微不足道，但「能靠自己賺錢」是我覺得最開心的事。

學生們似乎有些不解。

覺得奇怪嗎？但對我來說「能靠自己賺錢，過上普通的生活」就是最棒的事情。不依賴父母，也不依賴任何人。那時候，我第一次感受到真正的「自由」。

自由嗎？

是的。努力也好，偷懶也好；賺錢也好，不賺錢也好，都是自由的。辭職、創業，打起精神或自暴自棄，全都取決於自己的意志。我覺得這是件了不起的事情。

……

工作呢，當然是為了客戶，為了公司，但首先是為了自己能夠獨立。我是這麼認為的。

那位主管帶著一絲自豪如此總結道。

工作是為了獲得「自由」，為自己的獨立做好準備。

後記

「人生不是只有工作，但做不好工作日子會很辛苦。」

這句話是我從擔任顧問的前輩那裡聽到無數次的忠告。

這的確是千真萬確的，工作不僅僅是維持生計的手段，更重要的是，它是構成自我「身份認同」的重要元素。

例如，工作陷入低潮時，人們可能會失去自信，甚至影響人際關係，或者因收入不穩定而讓家庭生活也受到牽連，這種情況並不少見。

我見過很多人，原本打算「重視私人生活」，但最後卻因為「工作問題導致無法充實私人生活」，而備受煎熬。

「工作雖然只是工作，但它又不僅僅是工作。」

因此，我完全沒有否定「工作只要適可而止就好」這種想法的意思。

倒不如說，我個人非常希望，臨終之際不會滿腦子都還只有工作的事。

然而不可否認，若沒有「工作上的穩定」也難以獲得「人生的穩定」。

而讓工作保持穩定的方式，就是學會因應不斷變化的時代潮流，並掌握自我調整的技巧。

本書是繼《恆心效應：為什麼職場成功人士都堅持做對的事？》出版八年後，重新修訂後推出的新版。

八年前，我曾與川上編輯討論「期盼這本書無論時代如何變遷，都能維持核心價值與實用性」。而至今，它依然如當初所願，揭示了超越時代變遷的工作本質。

若這本書能成為你書桌旁的常備讀物，將是莫大的榮幸。

最後，感謝日本實業出版社的川上聰編輯，以及負責重新編排的前田千明編輯，這本書能問世，全賴兩位的努力付出。

安達裕哉